世界一
わかり
やすい

LINE MASTER TRAINING COURSE

LINE
公式アカウント 2
マスター 養成 講座

堤 建拓
TAKEHIRO TSUTSUMI

本書を手に取ったあなたは、すでに売上数十倍の世界に飛び込む第1歩を手にした

「本書はあなたのビジネスを大きく飛躍させる、プラチナチケットになり得るかもしれない…」

　少しキャッチーな冒頭で始めたのは理由があります。私は本書が、あなたのビジネスを飛躍させるプラチナチケットだと思っています。

　しかしながら、まえがきの冒頭が、「こんにちは、堤です。あなたはLINE公式アカウントを使いこなしていますか？」

　というようなベタな始まりだったら、きっと、あなたも退屈でそっと本を閉じてしまうかもしれません。

　どうしたら、あなたに本書の続きを読んでもらえるか必死で考えました。

　さて、本書を手に取られたということは、LINE公式アカウントをすでに運用しているか、これから運用しようとしていることと思います。

　昨今、LINE公式アカウントのよさが徐々に浸透し、個人から法人まで多くの方が使用するようになりました。それと共に、LINE公式アカウントを運用する上で、実に様々な問題が噴出してきたことも事実です。一例をあげると、

- 友だち追加されても、誰が登録しているかわからない
- チャットモードとBot（自動応答）モードが併用できない
- 細かくセグメント（絞り込んだ）配信ができない
- ステップメールのようにステップ配信ができない

といったものがあげられます。私が今まで100社以上のLINE公式アカウ

3

ント配信代行やコンサルティングを行ってきました。クライアントからよくいただくお悩みがこういったものです。

　ところが、実はこれらには明確な解決方法があり、本書の中で全てお伝えしています。現状のLINE公式アカウントを更に発展させたい、ビジネスを更に飛躍させたい！　ならば、間違いなく必読の一冊になるはずです。

　2020年7月現在で、世の中に出版されているLINE公式アカウント本で、これらの問題点の解決方法が書かれている書籍は今のところありません（もっと基礎的なことを知りたい！　ということであれば、前作にあたる、拙著『LINE公式アカウントマスター養成講座』（つた書房）もオススメです）。

　そして、本書では私から3つのお約束をします。

①単なる操作について書いた本ではなく、どうしたら売上が上がるか、マーケティング視点で書いています。
②すぐにでもLINE公式アカウントをやってみたくなるように、あなたをワクワクした気持ちにさせます。
③読者の皆様だけのために、本書に関連したことをさらに動画でわかりやすくまとめています。

　拙著『LINE公式アカウントマスター養成講座』（つた書房）では、文章に加えて、豊富な動画解説がありました。これがとても好評で、本書でもこれを踏襲したいと思います。しかし、文章中に動画が出てきて、皆様の読書の妨げにならぬよう、本書では、こちらにまとめました。

　私からのご挨拶も、最初の動画で話しています。

　それでは、「はじめに」の最後は本書の内容紹介です。

　第1章では、続々と追加されるLINE公式アカウントの新機能と具体的な活用法をお伝えしています。

　第2章では、現状のLINE公式アカウントでよくあるお悩みとその解決法を、第3章では、LINE公式アカウントを更に飛躍させるための「魔法ツール」の紹介をします。

　第4章では、LINE公式アカウントで成果を上げるための分析方法をお知らせし、第5章では今、非常に効果のあるLINE広告の基礎から具体的な使い方までをお伝えします。

　特別付録では、LINE公式アカウントや「魔法ツール」、LINE広告で成果を上げられた個人や企業の事例を共有いたします。複数例紹介していますので、ぜひご参考にしていただけると幸いです。

　本書は「かゆいところに手の届く」LINE公式アカウント本を目指し、操作から運用、具体事例まで細部にわたって記述することを心がけました。

　皆さんにとってのプラチナチケットになりますよう、心を込めて執筆しました。それでは早速、第1章から一緒に読み進めて参りましょう！

2020年7月吉日

堤　建拓

CONTENTS

第 ③ 講
LINE公式アカウントの問題を
解決するLステップ

第4講
ワンランク上の分析を活用

第 5 講
友だちを集めるための
LINE広告を出稿する

第1講

新たに追加された最新機能

LINE公式アカウントで売上最大化をする公式

1 LINE公式アカウントを活用し、売上を最大化したいと思う
なら、まずは公式を知り、要素分解することから始めまし
ょう。

売上＝友だち数×反応率×単価

　LINE公式アカウントで売上を上げよう！　と思ったときに、大切な
要素って何だと思いますか。もちろん、大切なことはあげたらキリが
ないのですが、まずは大枠をとらえることが大切です。

　LINE公式アカウントで配信をするときによくある間違ったこと。そ
れは、「木を見て森を見ず」の状態になっていることです。

　動画配信がいいのかな、何時に配信したらいいのかな、この文章よ
りあの文章の方がいいのかな。

　細かいことをあげたら枚挙にいとまがありません。それよりもまず
は、LINE公式アカウントで売上を上げるための基本公式を知ること、大
きな枠組みで見ることが先です。

　　「売上＝友だち数×反応率×単価」

つまり、売上は、

　①友だち数
　②反応率（申込率、時には配信に対するクリック率で考えることも
　　あり、総じて「反応率」と呼びます。）
　③サービスの単価

12

これら3要素で、変わってくるということです。

友だち数は100人よりも1,000人いた方がそもそもの母数が多いので、売上が上がりそうなイメージはできると思います。

　反応率というのは、例えば、あるサービスの配信をして、1%の人が買ってくれるよりも、2%の人が買ってくれるような工夫した配信を心がけたら、売上は2倍になります。

　単価は、5,000円のサービスを売るか、100,000円のサービスを売るかで当然、売上は変わるでしょう。

　売上を上げるためにはこの3要素を改善していくことになります。

売上を上げるために手をつけやすい要素とは？

　売上を上げるための3要素。では最初に手をつけるべきところはどこなのでしょうか。どの要素も大切なのですが、1番はじめにテコ入れするのは、「反応率」です。

　例えば、今までずっとテキストのみの配信（文字だけの配信）をしていたのに、リッチメッセージ（画像配信）に変えたら、急にクリック率が1.5倍になった！　という事例が過去にありました。このように反応率というのは、配信の仕方1つで大きくガラッと変わるので、改善しやすいのです。これは極端な話ですが、反応率が1%→1.5%に変わるだけで、それまで売上が1配信100万円だったのであれば、150万円になるわけです。対して、友だち数を1.5倍にするのにかかる労力はどうでしょうか。もしあなたのLINE公式アカウントに1,000人の友だちがいたとします。これを明日から1.5倍の1,500人にしてください、と言われたらどうでしょうか。今まで苦労してきてやっと1,000人集めたのに、ここからさらに＋500人を1日で集める、というのは無理な話です。

　また、配信する際に紹介するサービスの単価については不確定要素が多く、LINE公式アカウントではなく別問題になってくるので、ここでは言及するのを避けます。

カードタイプメッセージ
の操作方法を覚えよう

カードタイプメッセージは反応率を上げるうえで最も活用
したい配信方法の一つです。ここでは作成方法を解説して
いきますので、しっかりマスターしていきましょう。

反応率＝機能×企画

それでは早速、反応率を上げていく具体的な活用方法をお話しします。反応率を上げるためには、LINE公式アカウントに「どんな**機能**があり、その**機能**を用いてどんな**企画**をするか」が大切です。つまり、もう少し細分化すると、

「反応率＝機能×企画」

と言うこともできるわけです。

LINE公式アカウントも2019年4月にその名称と機能が変わってから、実に様々なアップデートがありました。その中でも最も活用したい機能、それがカードタイプメッセージです。こちらは2019年10月から新しい機能として加わっています。

カードタイプメッセージとは

カードタイプメッセージとは、一言で言うと、「複数のサービスを紹介したいときに、横に連なった形で紹介できる配信形式」のことです。WEB用語でカルーセルとも言われます。

カードタイプメッセージの
例です。このように横に連
なった配信が可能です。

　例えば、こちらは私が実際に自社のアカウントであるMARKELINK（マーケリンク）で配信したときのものです。内容としてはYouTubeでLINE公式アカウントの操作方法を解説しているものです。実際はこの横にも、何枚か連なっています。

　このように紹介したいものを一覧で最大9枚まで紹介できます。例では、動画の紹介一覧になっていますが、こちらはあなたの売りたい商品・サービスや、スタッフの紹介などにすることもできます。

カードタイプメッセージの作成方法

　それではここからカードタイプメッセージの作成方法をお伝えしていきます。まだLINE公式アカウントをお持ちでない方は、まずはLINE公式アカウント自体を開設してください。5分で作成できます。または前作にあたる拙著『LINE公式アカウントマスター養成講座』（つた書房）をご覧いただくのも、オススメです。

カードタイプメッセージはよく使うことになるので、必ず操作できるようにしておきましょう。

こちらの管理画面から「カードタイプメッセージ」を選択します。

右上の「作成」ボタンから作ることができます。

作成ボタンを押すと、次のような作成画面に遷移します。

タイトルとカードタイプを設定する画面です。

　こちらでは、タイトルとカード設定をします。

　タイトルには20文字まで記入でき、タイトルはプッシュ通知とチャットリストに表示されるとあります。プッシュ通知とは、LINE公式アカウントでメッセージ配信をしたときに登録者に流れる通知のことを指します。

こちらがプッシュ通知のイ
メージです。

　つまり、このタイトルにそのまま何も考えずに「カードタイプメッセージ」などと記入してしまうと、それがそのまま登録者に通知されてしまうので要注意です。必ず登録者の興味をそそるようなタイトルにしてください。

　次は「カードタイプ」の選択です。4種類ありますが、オススメとしては、商品・サービスが紹介できる「プロダクト」とスタッフの紹介に使える「パーソン」です。こちらでは「プロダクト」を例にとって説明します。

4種類あり、それぞれ微
妙に表示のされ方が違
います。

　次の画面では実際にカードの中身の作成になります。

イメージしやすいように必要な項目を入れて例を作成してみました。

　カードタイプメッセージの最もオススメしたいポイントは、**特にデザインの凝った画像を作る必要がない**ことです。なぜならば写真を入れて、カードのタイトルと説明文を記載することで、十分理解してもらえるからです。

　また、「ラベル」でキャッチーな一言を入れたり、アクションにリンク先を設定したりすることもできます。さらにアクションでは、URLのリンク先を設定できるだけではありません。別に作ったクーポンやリサーチを紐づけることができます。図では設定していませんが、商品の紹介の場合、価格の表示をさせることもできます。

慣れてしまえば、ものの3分程度で項目を埋められてしまうので、作成にかかる手間もそれほどありません。

カードタイプメッセージのパーソンを活用しよう

ほとんど同じように、「パーソン」も作ることができます。

「カードタイプ」で今回は「パーソン」を選択しましょう。

パーソンは、人物紹介に適しています。

　パーソンの場合も基本は同じです。ただし、人物の特徴が明記できるように「タグ」が多くつけられるようになっています。例えば、図はマーケリンクに所属するLINE公式アカウントコンサルタントの紹介配信です。こちらの茶野さんには「見た目は美女」「頭脳は男」というタグがついています（笑）。

　カードタイプメッセージの作成の仕方がわかれば、あとは必要数を作っていくだけです。

「カードを追加」で最大
9枚まで作成可能です。

　図中の「カードを追加」で紹介したい商品の数やスタッフの数の分
だけ作成していきましょう。

　まとめです。カードタイプメッセージは、写真を挿入し、説明文で
記載するだけです。とても簡単に作成できます。その上、通常のテキ
スト文章よりもクリック率は高く、わざわざデザイン性のある画像を
作成する必要もなく、イメージ写真を挿入するだけでOKです。非常に
労力対効果の高い配信方法と言えます。

リサーチで
登録者のニーズを探ろう

リサーチを活用することで登録者のニーズを把握し、ニーズと合致した企画を行うことで売上につなげていくことができます。理解を深め活用していきましょう。

リサーチはどんなときに使うのが効果的？

続いての「リサーチ」も後になって追加された配信方法の1つです。リサーチという名の通り、あなたの知りたいことを登録者にリサーチしたり、アンケートをとったりすることができます。

まずはあなたの場合、どんなシチュエーションでリサーチするのか考えてみましょう。私の場合、2019年の年末にリサーチを実際に使いました。

「2020年、LINE公式アカウントのセミナーでどんな内容のセミナーがあったら行きたいですか？」というリサーチです。

次の中から、開催されたら行きたいセミナーを価格も加味して選んでください。（複数回答可）

①2時間でできる！ LINE公式アカウント移行セミナー（3,500円/2時間）

②その場で最高の反応率・売上を叩き出す！ 1DayLINE公式アカウント配信実践会（25,000円/5時間）

③その場でプロ作成のリッチメニューが完成！ リッチメニュー相談会（30,000円/3時間）

④2Days！ LINE公式アカウントお友だち獲得合宿！（50,000円、滞在費込/2日）

上記のように4択でリサーチしました。このとき、1番人気のあった
セミナーは調査の結果、②でした。そして1番人気のなかったのが④。
実は私としては④を開催したく、ニーズを確かめるために調査したの
ですが、結果はかなりの差で④が圧倒的不人気。惨敗でした（笑）。

　こういったケースは珍しいと思いますが、「自分の考えていることと、
登録者のニーズは必ずしも一致しない」ということがわかります。

　**実際にこの商品の内容どうかな？　どんなニーズがあるのかな？
などと思った場合は、リサーチをしてみる**とよいでしょう。

リサーチの作成方法（基本設定）

それではリサーチの作成方法に移ります。

リサーチは管理画面の
図の部分から作成でき
ます。

遷移後、作成ボタンを
押してください。

リサーチ作成時の入力項目
です。

　このリサーチ。やみくもに行っても、実はうまくいかないことが多いです。というのも、注意点がいくつかあるからです。最も注意したいのは、「回答数が20以上ないと回答結果が得られない」ということです。

　どんなに頑張ってリサーチを作って配信したとしても、19以下の回答数であれば、全く回答結果を閲覧することができないのです。

　さらに、リサーチの期間中は、たとえ回答があったとしても、回答結果を見ることはできません。例えば何も考えずにリサーチ期間を1年にしてしまうと、1年先までリサーチ結果が見られない、ということ

になります。

リサーチする際の注意点

①回答数が20以上ないと回答結果が見られない
②リサーチ期間中は回答結果が見られない

　裏を返すと、できるだけ短い期間の中で、多くの回答数を得るような施策をうつ必要があると言えます。

　実際にリサーチを行う期間ですが、私が様々試してベストな期間というのがある程度わかっています。結論から言うと、1週間です。これ以上だと期間を伸ばしてもあまり回答数は得られないですし、これより短いと十分な回答数が得られません。

　多くの回答数を得るためには、リサーチ中に出る「説明文」にできるだけ詳しくどんなリサーチなのか、このリサーチに回答するとどんなメリットがあるのかを明示することが大切です。

　例えば、図の例で言えば、リサーチの説明文はこうなっています。

LINE公式アカウントに関するアンケートです＾＾

Q：あなたはLINE公式アカウントの何が難しいと思いますか？

1問だけの簡単回答！　回答後、素敵なプレゼントが当たる抽選にその場で参加できます！

アンケートの結果は来週の配信でも公表しますので、ぜひお願いします！

　リサーチの説明文は150文字以内です。限られた文字量で次のことを意識して、より回答してもらえるようにしましょう。

リサーチの説明文3つのポイント

① 「●問だけ！ ●分で終わる！」と簡単に回答できることを明示
② 「回答したら●●プレゼント！」と回答のお礼にクーポンや抽
　選があることを明示
③ 「アンケート結果を公表！」と結果を公表することを明示

　どんなアンケートであるかわかりやすく書くことは前提として、上記の3つのポイントを特に意識すると回答率が上がります。人間は面倒くさがる生き物です。1分で終わる！　3問だけ！　などと簡単に回答できることをうたいましょう。そしてプレゼントがあると回答してくれるきっかけにもなります。さらに、他の人はどんな回答をしたのか？と気になるものでもあります。実際に次週以降の配信で結果を公表するのも1つの手です。

リサーチの作成方法（質問設定）

　意外と難しいリサーチの基本設定が終わったら、次は質問設定です。ここではあなたが実際に聞いてみたい質問を単一回答か複数回答で設定します。残念ながら未認証アカウントの場合、自由回答（自由に文章で回答してもらう形式）はできません。自由回答を得たい場合は、認証済みアカウントにすることをオススメします。

質問設定はシンプルです。属性も調べることができます。

　質問設定では、回答者の属性（性別・年齢・居住地）を調べることができます。属性の選択肢は自分で細かく設定することもできます。
　あとは、質問と回答を設定するだけです。質問や回答のイメージがしづらい場合は、画像をアップロードして補足することもできます。

リサーチ終了後の回答結果を取得する

リサーチ結果は「リサーチ期間終了」から確認できます。

　リサーチ期間が終了すると、回答結果が確認できるようになります。図の「リサーチ期間終了」の「リサーチ結果」からダウンロードできます。もしこちらが「ダウンロード不可」になっていれば、残念ながら回答数が19以下であったということです。

　あくまでも参考ですが、マーケリンクの場合、1,510名ほどの有効友だち数がいるときにリサーチを実施。ちょうど120人の回答を得られましたので、回答率は7.9%でした。友だち数や質問数によっても、多少の増減はあると思いますが、一つの目安にしてください。

　ちなみに私のサポートするある企業は、前述の回答結果をたくさん得るためのポイントに沿って忠実にリサーチを行いました。その結果、200人のクリックに対し、なんと180人が回答してくれたのです。クリックした方の実に9割が回答をしていることになります。

　リサーチの打ち出し方一つとっても、回答結果の獲得数は大きく変わってきます。ぜひここまでにあげたポイントを意識してみてください。

新たに追加された最新機能

オーディエンスを活用した配信をしよう

4 興味のある人にだけ再度配信することができるオーディエンス。ターゲットを絞り配信することで反応率を上げることができます。作成から学んでいきましょう。

オーディエンスとは？　どんなときに活用する？

　次はオーディエンスを活用した配信です。オーディエンスという項目名からか、少し使い方のイメージがつかないのが実情のようです。

　簡潔に言うと、登録者を、過去の配信やチャットのタグなどで絞り込んで配信できる設定のことです。

　具体的にどんなときに活用するのか解説します。

　例えば、私がLINE公式アカウントセミナーの開催情報を一斉配信したとします。もちろん興味のある人は、そのまま申込をしてくれます。しかし興味はあってもたまたま日程が合わなかった人が中にはいるかもしれません。

　そんな状況の中、偶然にも新しいセミナー日程が決まりました。つい先日配信したばかりだし、全員に一斉配信したとすると、配信頻度が多くなってブロック率が上がってしまう恐れがあります。だからこそ、今回のオーディエンスを活用するのです。これを使うと、前回のセミナー配信で、

①その配信を見た人
②その配信をクリックした人

のどちらかで絞り込みをすることができます。例えば、先日の配信でクリックしてくれた、ということは、少なからずセミナーに興味は持

28

ってくれたということでしょう。だからこそ、その方たちだけに、新しいセミナー日程を提示することで、「自分ごととしてとらえてくれる人」だけに再度情報を配信することが可能になります。

こちらのセミナー配信を見た人orクリックした人だけに追撃配信できます。

　オーディエンスを活用すると、無駄なメッセージ通数の削減にもなりますし、ブロック率が上がるのを防ぐこともできます。見方を変えれば、興味のある方だけにどんどん情報を配信して、興味度を上げていくということもできます。

オーディエンス作成方法

　それではオーディエンスの作成方法を解説します。まずは図の「メッセージ配信」を選択してください。

一見、「オーディエンス」という項目は見あたりませんが、「メッセージ配信」をクリックすると出現します。

こちらから「オーディエンス」が作成できます。

オーディエンスのタイプには5種類あります。ユーザーIDアップロードはLINE公式アカウント外の複雑な設定が必要になるため、今回本書では扱いません。また、流入経路オーディエンスも使用場面が限られてくるので、割愛いたします。したがって、本書で紹介するのは3種類になります。このうち、「チャットタグオーディエンス」については使い方が異な ります。まずは「クリックリターゲティング」「インプレッションリターゲティング」の解説をします。

オーディエンスタイプのそれぞれの違いをよく理解しましょう。

クリックリターゲティングは、文字通り、クリックしてくれた人にだけ配信することができます。インプレッションリターゲティングは、クリックはせずとも、その配信を開封した（見てくれた）人に配信するものです。

タイプを選ぶときに、注意点が1つあります。それは、**クリック（またはインプレッション）がそもそも100以上の母数がないと、オーディエンスにできません**。例えば、1,000人に対して配信して、90人しかクリックされていなければ、オーディエンスを作ることはできないのです（厳密に言うと、作成自体はできるのですが、配信できないです）。

　オーディエンス名は自分のわかる名称でOKです。例えば、前回の
YouTubeチャンネルの告知配信のオーディエンスを作るならば、「YouTube
配信リターゲティング」などでよいです。

どの配信のオーディエ
ンスを作成するか選択
しましょう。

選択すると、さらに細かい
URLに対してのオーディエン
スを作成することもできま
す。

オーディエンス作成後
の画面です。

　オーディエンスを作成すると、ステータスが「準備中」になります。
これが「有効」に変わると、実際の配信で活用できるようになります。
※クリックやインプレッションの母数が100未満の場合、このステー

タスが「有効」になりません。いつまでたっても「準備中」になってしまうので、実際には母数が100に満たないと、オーディエンス配信はできないことになります。

オーディエンスを活用して絞り込み配信をしよう

オーディエンスが「有効」になったら実際に配信です。

「メッセージ配信」を選択しましょう。

メッセージ配信を作成します。配信先で「絞り込み」を押すと、「オーディエンス」が出現します。先ほど作成したオーディエンスをこちらで選択してください。

「オーディエンスを追加」を選択しましょう。

先ほど作成したオーディエンスがあります。

32

作成したオーディエンスを含めることはもちろん、除外することもできます。こちらでオーディエンスの対象を設定したら、あとは通常通り配信です。うまく活用するようにしましょう。

チャットリターゲティングを活用しよう

チャットリターゲティングを活用すると、かなり細かいセグメント配信も可能になります。例えば、マーケリンクの中でも、「スタッフ」だけに配信をしたい、ということがあります。そんなときに活用できるのが、このチャットリターゲティングです。

チャットリターゲティングを使うには、まずは送りたい相手にチャットから「タグ」をつける必要があります。

「チャット」を選択しましょう。

チャットを開き、「＋タグを追加」でタグを入れましょう。

それでは、こちらの堤さんに対して、「スタッフ」というタグをつけたいと思います。「＋タグを追加」を選択してください。

はじめてタグを作る場合は、上の欄に「スタッフ」と入力してEnterを押しましょう。すでにタグを作成している場合は、既存のタグから選択するだけでOKです。終わったら保存しましょう。これで第一段階は完了です。堤さん以外にもスタッフ向け配信を送りたい場合は、同様にタグをつけてください。

それでは先ほど同様、「メッセージ配信」から「オーディエンス」を選択し、「作成」をクリックしましょう。

「メッセージ配信」を選択すると、「オーディエンス」が出現します。

先ほど作成したタグと人数が表示されています。

今回はオーディエンスタイプを「チャットタグオーディエンス」にします。オーディエンス名は特に指定などはありません。私はわかりやすくするために「スタッフ向け配信」のように配信名、または「スタッフ」のように対象の名前にしています。

オーディエンス名を入力したら、対象のタグを選択し、保存してください。

チャットタグオーディエンスの場合は、最低1名から使うことができます。

ステータスが「準備中」→「有効」に変わったらOKです。

最後にこのスタッフ向け配信をメッセージ配信したいと思います。

「メッセージ配信」から「作成」を選択してください。

配信先を「絞り込み」にして、「オーディエンスを追加」を選択してください。

作成したオーディエンスを追加してください。

以上で、指定したタグをつけた方だけに配信をする設定が完了です。あとは通常通り、メッセージ配信をすることになります。

第2講

LINE公式アカウントの
こんな問題点

誰が友だちになったか
わからない

LINE公式アカウントを使う方から頂く質問No.1でもあるこの問題。リッチメニュー×テキストを活用することで友だちになった方を把握することができます。

使いこなしていくと、不便な点があることに気づく

本書を読まれている方は、LINE公式アカウントをある程度使いこなされている方なのかもしれません。LINE公式アカウントを使っていくと、実に様々な問題点があることに気づきます。

「あんな機能があったらいいのに」「ここがもう少しこうなったらいいのにな」などと思ったことは1度や2度ではないかもしれませんね。

この章では、そんなLINE公式アカウントの問題点と、それを解決するための方法を見ていきたいと思います。

誰が友だちになったかわからない

LINE公式アカウントを使っている方からいただく問題点No.1と言っても過言ではないこの問題。それが登録者からスタンプを送ってもらわないと、誰が友だちになったかわからないということです。

正確に言えば、スタンプでもメッセージでも何でもよいです。登録者からアクションをしてもらって、はじめて誰が登録しているのか、チャットにあらわれてきます。

だからこそ巷では、次の図のように、あいさつメッセージで、「あなたのお気に入りのスタンプを送ってね」や「登録したことがわかるようにスタンプを送ってくださると嬉しいです」などの文言をつけているケースがあります。

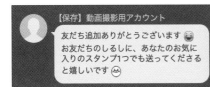

「スタンプを送ってね」とア
ナウンスしているケースは
多いです。

　ところが、これって本当に効果があるのでしょうか。もちろん、このメッセージでスタンプを送ってくれる人が全くいないということはないでしょう。ただし、ここで考えてほしいのが、相手にスタンプを送るメリットがあるか？　ということです。

　誰が登録しているかを知るために、スタンプを送ってもらう、これはあくまでもLINE公式アカウント運営者のメリットです。登録者にはなんらメリットがありません。メリットがないことをわざわざ登録者が時間を使って行動するか、というとあまり期待できませんよね。

キーワードを送ってもらってプレゼントをあげる手法

　それでは1歩踏み込んで、あるキーワードを送ってもらい、その代わりにプレゼントをあげる、という仕掛けはどうでしょうか。

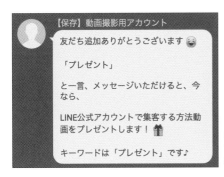

キーワードを入れてもらい、
プレゼントをあげるという
手法もあります。

　例えば、「プレゼント」とメッセージをいただき、登録特典として、動画やPDF・割引券などを差し上げる、というものです。

こちらは、登録者にとってメリットがあるので、相手からメッセージを入れてもらえる可能性としては高まります。ただし、事前の宣伝で「LINE公式アカウントに登録したら、すぐにプレゼント（登録特典）がもらえます！」とうたっておきながら、実際には「プレゼント」とメッセージを入れないと、プレゼントがもらえない、というケースがよくあります。

　LINE公式アカウント運営者本人は、誰が登録しているか知りたくてやっているのですが、正直これでは白けてしまいます。せっかく登録したのに、メッセージしないとプレゼントはもらえないのか……、メッセージして売り込まれたら嫌だなあ……と思う方も少なくないかと思います。

　この意味ではあなたにとってマイナスにはたらく可能性もあり、それほどオススメできる手法ではありません。

登録者を知る→リッチメニュー×テキストの活用

　そこで代替案としてあげられるのが、「リッチメニュー×テキスト」の活用です。リッチメニューとは、LINE公式アカウントトークルームの下部に設置できる図のような部分のことを指します。

リッチメニューにある仕掛けをすることで、登録者を知ることができます。

このリッチメニューにはURLが設定できるだけでなく、テキストを表示させることができるのです。

下図のようなリッチメニューの全てにテキストが設定されています。

「リッチメニュー×テキスト」を活用した事例です。

例えば、左上は、「お楽しみプレゼント①」という項目になっています。左上のボタンをタップすると、テキストでURLが出るようになって

おり、このURLにアクセスすると、【LINE公式アカウント集客で99%の人が知らない5つの秘訣】動画が見られるような仕掛けになっています。

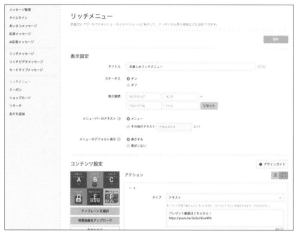

LINE公式アカウントの管理画面では図のように設定します。

　実はこの「ボタンを押し、テキストが出る」という仕掛けは**登録者からアクションされたとみなされます**。

　つまり、このボタンを押すだけで、誰が登録しているかがわかるようになるのです。意外と盲点で知らない方も多かったかと思います。

　だからこそ、この「リッチメニュー×テキスト」を自然な形で押してもらえるように工夫すれば、高い確率で誰が登録してくれているか、わかるようになるわけです。

　先述したものは「お楽しみプレゼント」の事例でしたが、様々な「リッチメニュー×テキスト」の工夫でアカウントを面白くすることもできます。

　ここまではLINE公式アカウントを少し工夫して、友だち登録者が誰かわかる方法をお伝えしました。しかしこの方法では100%誰が登録しているかわかるとは言い切れません。本章の最後で100%わかる方法もお伝えしますので、楽しみにしていてください。

どこから友だち追加が あったか分析できない

2 友だち追加の経路が判明することで、どこに注力するのか がわかります。しかし友だち追加がどの経路からあったか 知るためにはちょっとした工夫が必要です。

友だち追加を増やすには、注力すべき方法を知ることが必要

　先述の、「友だち追加してくれても、誰が登録しているのかわからない」に続いて、問題になってくるのがこちらです。LINE公式アカウントの友だち追加と一口に言っても、実に様々な方法があります。

　大きく分けると、リアルとネット。リアルでは、名刺の裏にLINE公式アカウントのQRコードをつけて、読み込んでもらう。これも立派な友だち追加の方法です。

　ネットでは、SNSをはじめとしてブログ、時には広告を出すこともあります。ところが、LINE公式アカウントは何経由で友だち追加されたのか、わかりません。特に気にしていない方にはさほど問題にならないかもしれませんが、次のようなケースではどうでしょうか。

　LINE公式アカウントの友だちを集めるのに、Aというネット広告、Bという紙媒体の広告、両方使っているとします。広告をかけているので、もちろん友だち数は増えていきます。しかし、AとBどちらから友だちが具体的にどのくらい増えているかがわからないと、どちら経由で効果が出ているのかわかりません。

　仮に広告効果で1ヶ月に500人増えているとしても、極端な場合、Aから500人、Bから0人ということもあり得ますし、Aから0人、Bから500人ということもあるでしょう。

　500人という数は増えていても、どちらの方が効果が出ているか、わからなければさらに広告費を投下しようと思ったときにも、AとBのど

ちらに注力すればいいのか迷ってしまいます。

　私自身は、色々なSNSやブログを行っています。例えば、最近力を入れているのが、YouTube。ところがYouTubeも編集やサムネイルの作成などを外注しているので費用がかかります。ブログも同様に外注費がかかります。

　同じ外注費用と同じ労力をYouTubeとブログにかけているとします。それぞれの媒体経由で1ヶ月どのくらいずつ増えているのか調べられれば、注力すべき媒体がより明確になるわけです。

既存のLINE公式アカウントで友だち追加を分析したい

　結論から言うと、既存のLINE公式アカウントでは友だち追加経由を調べる方法はありません。2020年3月から「追加経路」という分析でざっくりわかるようになりました。ところが、この分析が完全なものではないため、詳しく知ることはできません。

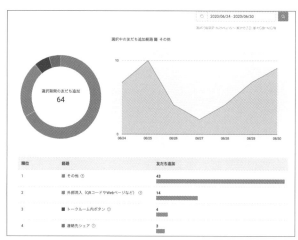

このようにどのQRコード・Webページまでかは分析が難しいです。

　そのためここでは、完全とはいかないまでも、それをカバーする施策はありますので、ここで少しだけご紹介します。

①**友だち追加時のあいさつメッセージでアンケートをとる**

　かなりアナログな方法ではありますが、あいさつメッセージで、

Q：こちらのLINE公式アカウントはどちらから知りましたか？

と質問してみることができます。（図参照）

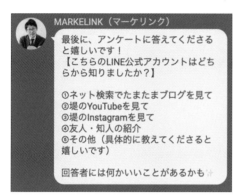

あいさつメッセージで経由
を聞くのはアリ。

　「アンケートに回答してくれたら、●●プレゼント！」とお礼があ
ることを明示すれば、回答率も上がるかもしれません（私は実際にあ
いさつメッセージを図のようにしていた時期がありました。そのとき
の回答率は約20%でした）。

②**全体公開にしたクーポンにパラメーターをつけて調べる**

　「全体公開」も「パラメーター」も専門用語で難しいですね（笑）。順
に解説します。まず、割引やプレゼントを付与できるクーポンですが、
公開の方法に種類があります。友だち限定ではなく、誰でも取得でき
る「全体公開」設定にしておくと、クーポンのURLが出現します。

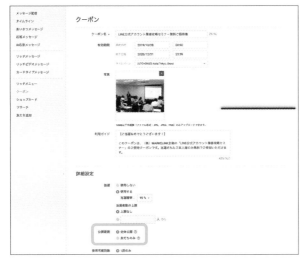

クーポンの作成画面です。公開範囲を「全体公開」にしましょう。

クーポン作成後、一番右の「…」から「シェア」を選択してください。

1番下の「クーポンの効果を詳細に測定する」を選択してください。

パラメーターを選択して、URLを発行・コピーしてください。

　このURLをSNSなどに貼り付けると、そのURLをタップした人は、クーポン取得ができます。クーポンを取得する際に、実は自動的に友だち追加になりますので、これを利用した方法です。

　さらに言うと、クーポンは、「パラメーター」をつけることができます。例えば、Facebookからクーポン取得（友だち追加）された場合は、1という番号、Instagramからであれば2という番号、ブログからであれば3という番号がつくようにできるのです（番号と流入経路の組み合わせは自由、ただし、どの番号がどこ経由かは自分でメモをしておく必要があります）。

　クーポンを取得することが前提条件になりますが、この方法であれば、非常に精度が高い分析をすることができます。私であれば、ブログ経由＝1、YouTube＝2、Instagram＝3、名刺のQRコード＝4…とそれぞれパラメーターをつけて分析を行います。

経路	開封ユーザー	ページビュー	獲得ユーザー	使用ユーザー
選択した期間	109~ (85/90%)	252~	53~ (47.62%)	0~ (0.76%)
1	109 (107.07%)	252	53 (48.62%)	~19 (7.63%)

LINE公式アカウント集客攻略セミナー無料ご招待権　　　ダウンロード

現在の当選ユーザー　　　127

「分析」＞「クーポン」でこのように、パラメーターと分析データが見られるようになります。

　そしてこの他にも、有料にはなりますが、さらに精度の高い状態で、友だち追加の経由を調べる方法があります。これについては、第2章の最後の節でお伝えします。

チャットモードと
Botモードが併用できない

3 チャットモードとBotモードを併用することはできません
が、基本はチャットモード、企画に応じてBotモードを使
うという代替案をご紹介します。

チャットモードとBotモードの併用はできないのか？

LINE公式アカウントを少し使いこなすようになると、必ず立ちはだ
かる問題です。登録者と1:1でやり取りするチャットモードと自動で返
信されるBotモードが併用できず、困っている人も多いかと思います。

チャットモードのイメージはつくかと思いますが、Botモードは少し
わかりづらいので、補足をします。

例えば、下のデモアカウントから「堤ブサイク」（＊堤は筆者の名前
です笑）とメッセージをしてみてください。

すると、私のブサイクな？（笑）写真が自動で返ってきたかと思い
ます。これがBotモードです。つまり、あるメッセージを入れると、そ
れに対して決まった画像や文章が返るモードです。これを様々なアイ
デアで面白くしたLINE公式アカウントも実は結構あります。

本題に戻りますが、LINE公式アカウントでは、チャットモードとBot
モードを完全に併用する方法は残念ながらありません。ここでは代替

案を紹介します。

基本はチャットモード。企画に応じてBotモード

　私のオススメは、基本はチャットモードにして、必要に応じてBotモードに切り替えることです。登録者からのメッセージを完全にシャットアウトしたい！そもそもメッセージに返信をするのが面倒だ！　と考える方もいるかもしれませんが、登録者からメッセージをもらえることは重要だと考えます。

　私のアカウントも基本はチャットモードにしています。チャットモードにしていると、弊社の商品を購入しようか迷っている相談など売上UPにつながるメッセージも割といただけるのです。相談メッセージからチャットでやりとりをして、売上につながったケースはこれまでに数え切れません。

　そのため、チャットモードを基本にし、時々Botモードにするのです。ではどんなときにBotモードにしたらよいのでしょうか。

　私の場合ですと、次の2パターンでBotモードを使うことが多いです。

①セミナー時の自己紹介＆資料の共有

　私は現在、日本全国で一般参加者向けのLINE公式アカウントセミナーをやっています。また、企業研修も含めると、月にかなりの数、セミナー・研修を行う機会があります。大抵は、はじめましての方ばかりです。

　研修が始まる前にチャットモードからBotモードに切り替えます。そして、先ほどの「堤ブサイク」を冒頭の自己紹介で使うのです。

　緊張感があった研修会場がこれで一気に和むわけです。「堤ブサイク」だけではなく、「堤イケメン」も体験してもらいます（笑）。

　緊張感が解けた研修会場では、受講者の意見も活発に出ますし、何より雰囲気がとてもよくなります。もしあなたがセミナーや研修講師

なのであれば、試す価値はあると思います。

　また、当日研修で使う資料を共有するためにも、LINE公式アカウントを使い、かつBotモードにしています。LINE公式アカウントから「資料」とメッセージをいただくと、当日の資料（PDF）がそのまま応答で返ってくる設定にしているのです。

　これが毎回非常に喜ばれます。会場の機械トラブルでパワーポイントを映すモニターが使えなかったときも、この方法で資料を共有し、研修を乗り切ったこともあります。

②期間限定配信

　2つ目の方法は、期間限定配信で使うことです。これは、図のように、「今から12時間限定で、『プレゼント』とメッセージくださった方に、●●を自動でプレゼントします！」のように配信で使うのです。

こちらは以前、私が実際に
行った配信です。

　この配信を見た登録者は「プレゼント」と入力して送信すると、自動で動画やPDF、限定クーポンなどがもらえるわけです。

　私も登録者が1,300人程度だったときにこの方法を試したところ、な

んと252人もの方が、「プレゼント」と入力してくださったことがあります。返信率で言えば、19.4%という驚異的な数字です。こうした期間限定のプレゼント配信は登録者の満足度を高める配信になりますので、非常にオススメです。

　実際にこの配信の後、ある方から、「堤さんって圧倒的にgiveされる方なんですね。そんな堤さんのコンサルを受けてみたいです。」というメッセージをいただき、半年間のLINE公式アカウントのコンサルティング受注につながりました。

　ちなみにこの期間限定配信ですが、いくつか試した結果、期間を「12時間」にし、お昼の12時ごろ配信するのがベストだということがわかりました。これより短い期間ですと、全員が「プレゼント」とメッセージする前にキャンペーンは終わってしまいます。逆にこれより長いと、その期間チャットを見ることができないので、問題になります。

Botモードの間にきたメッセージは見られないの？

　よくいただく質問に、Botモードにしている間にきたメッセージは見られるのか、というものがあります。結論から言うと、見られます。ただし、Botモードにしている間は、当然どんなチャットがきたのか、見ることはできません。後ほどBotモードを終え、チャットモードに戻したタイミングで、きているメッセージが確認でき、返信もできます。

セグメント配信が
細かく分けられない

通常のセグメント配信では特定の人たちだけに送る、ということはできません。ここではチャットとタグを利用した独自のセグメント配信の方法をお伝えします。

LINE公式アカウントで可能なセグメント配信

LINE公式アカウントでは一斉配信はもちろん、ターゲットごとに配信する、セグメント配信も可能です。例えば、愛知県に住む20〜29歳の女性だけに配信するということができます。セグメント配信で可能なのは、以下の5項目です。

- 友だち期間（6日以下、7〜29日、30〜89日、90〜179日、180〜364日、365日以上）
- 性別（男女）
- 年齢（14歳以下、15〜19、20〜24…45〜49、50歳以上）
- OS
- エリア（都道府県単位）

これだけでも十分ありがたい機能なのですが、裏を返すと、これ以外のセグメント配信はできないのです。

例えば、飲食店のような地域ビジネスの場合、都道府県単位ではなく、市区町村や地域単位で配信を分けたいですよね。他にも学習塾であれば、新規生と在籍生で配信内容を分けたいと思うこともあるでしょう。コレを打開するのが、チャットでタグをつけて配信する方法です。

チャットタグオーディエンスで配信

　チャットとタグ付けを上手に使えば、独自のセグメント配信をできないことはないです。つまり、第1章で解説した「チャットタグオーディエンス」を活用するのです。例えば、マーケリンクの場合、「2/27セミナー参加」というタグをつけておくことで、この人は2/27にセミナーに参加した人だ、とわかりやすくしておくのです。

　そして前述したように、チャットタグオーディエンスを使えば、「2/27セミナー参加」とタグがついている方だけに配信ができます。

全員にタグ付けは難しい。人数が多くなると大変

　しかしながら、現実的にこの方法を行おうと思うと、少々難しいことがわかります。例えば、チャットでタグ付けをするということは、そもそもチャットに登録者が出てきている必要があります。つまり、1度、登録者からスタンプなり、メッセージなりをしてもらっている必要があります。

　そうすると、タグをつけられる人、つけられない人が発生し、チャットタグオーディエンスで配信するときも中途半端になってしまいます。タグ付けによる配信も便利ではありますが、1度トークした人にしかタグ付けできないのがネックです。

　こちらに関しては、これまた有料にはなりますが、後ほど第2章の最後で、あらゆるセグメント配信を可能にするツールをお伝えしますので、楽しみにしてください。

複数のシナリオを
分岐させることができない

5 登録者の興味に応じて、その後に配信する内容を変更する
「シナリオ分岐」。既存のLINE公式アカウントの機能を使っ
て実現する方法を考えます。

さらに発展的な目線でLINE公式アカウントを見る

LINE公式アカウントとよく比較で出されるツールがそう、メルマガ
です。開封率がメルマガよりも高く、メリットも多いLINE公式アカウ
ントですが、マーケティング的な面で見ると、実はメルマガの方が優
れている点はあります。

例えば、メルマガを使われている方は、「シナリオ分岐」という言葉
を聞いて、ピンとくる方も多いでしょう。

登録者の興味に応じて、その後に送るメルマガの内容を変えるもの
です。こういったシナリオ分岐の機能はLINE公式アカウントにはあり
ません。強いて言うならば、第1章で紹介した「オーディエンス」を上
手に使う手もあります。

オーディエンスを上手に使えば、送った1通目の配信に対して、

①開封＆クリックした人→Aという配信
②開封＆クリックしていない人→Bという配信

のように分けてセグメント配信できます。シナリオ分岐という項目は、
機能としてありませんが、**既存の機能を利用して、マーケティングで
きることはないか？　を考えていく**と、意外と多くのことが可能にな
ります。

L
I
N
E
公
式
ア
カ
ウ
ン
ト
の
こ
ん
な
問
題
点

LINE公式アカウントでもステップメールのような配信をしたいができない

6 メルマガではおなじみのステップメールですが、LINE公式アカウントでは行うことができません。これを可能にする方法はあるのでしょうか。

LINE公式アカウントでステップ配信は可能か

　問題点あるあるの最後は、ステップメールについてです。こちらもメルマガを使っている方ならば、おなじみの機能になりますよね。ステップメールを簡単におさらいしておくと、登録した人に順番にメールを届けるシステムのことを言います。いつメルマガに登録したとしても、設定した順に1通目、2通目、3通目……とメールが流れるようになっています。

　ステップメールでいう1通目にあたるのが、LINE公式アカウントのあいさつメッセージです。しかしながら、LINE公式アカウントのあいさつメッセージを終えた後は、2通目、3通目とステップメールのように配信できる機能がありません。今後、LINE公式アカウントでもステップ配信が可能になっていく、というアナウンスはLINE社から出ているものの、現状ではステップ配信機能はありません。（2020年4月現在）

　ここまでをまとめます。

1. 登録者からスタンプを送ってもらわないと、誰が友だちになったかわからない
➡ リッチメニュー×テキストを活用
2. どこから友だち追加があったか分析できない
➡ 全体公開クーポンとパラメーターを使う
3. チャットモードとBotモードが併用できない
➡ 基本はチャット。企画に応じてBot。
4. セグメント配信がざっくりしすぎて細かく分けられない
➡ チャットでタグ付け。チャットタグオーディエンスを活用。
5. 複数のシナリオを分岐させることができない
➡ オーディエンスを活用
6. ステップメールのような配信ができない
➡ 代替案なし（今後機能追加される可能性はあり）

　1〜5に関してはまだしも、6に関しては全く代替案がないのも、私としては不甲斐ないです。ただ、全く代替案がなければ、私も本書にわざわざ項目として書きません。しかも代替案どころか、完全にLINE公式アカウントでステップ配信ができる方法があるのです。

　さらに、1〜5に関しても、完全にこれらの問題点を解消する方法があります。こうした問題点を解決するためには、「あるツール」をLINE公式アカウントに入れる必要があります。

　そしてこのツールこそが、あなたのLINE公式アカウント運用、ひいては集客・売上を大きく変える、最強のツールになり得るのです。それではそんな救世主となる魔法のツールを次節で紹介いたします。

LINE公式アカウントの問題点を解決する救世主！

7

第2章で列挙してきた6つの問題点をすべてパーフェクトに
解決する方法をここではお伝えします。あなたの救世主と
なるかもしれません。

6つの問題点を全て一気に解決する方法があった！

　第2章でここまで見てきた6つの問題点。これを一気に解消できるツ
ール。そのツールのことを「Lステップ」と呼びます。「Lステップ」の
「L」はLINE公式アカウントのLです。そしてステップという言葉にある
通り、ステップ配信ができるのが特徴です。

Lステップについては、
公式サイトも存在しま
す。（https://linestep.jp/
lp/01/index.html）

　そしてLステップを導入すると、6つの問題点はどのように解決でき
るのでしょうか。わかりやすくまとめます。

1. 登録者からスタンプを送ってもらわないと、誰が友だちになったかわからない
→ 友だち追加されたら、自動的にLINEネームとアイコンが表示される
2. どこから友だち追加があったか分析できない
→ どの媒体からなのか、事前に設定をすれば分析可
3. チャットモードとBotモードが併用できない
→ 無条件に併用できる
4. セグメント配信がざっくりしすぎて細かく分けられない
→ 手動or自動でタグ付けし、タグに基づいたセグメント配信が可能
5. 複数のシナリオを分岐させることができない
→ シナリオ分岐可
6. ステップメールのような配信ができない
→ ステップ配信可

このように全ての問題点に対し、解決法がそろっているのです。

例えば1の、誰が友だちになったかわからない件の解決はこの図で表されます。

状況	名前	シナリオ	受信メッセージ
未読客	堤	あいさつメッセージ 2020.3.19- (開始当日 00:00:37)	【フォローされました】 (2020-04-15 00:00:20)

LINEネームとアイコンで表示されます。

友だち追加されると、何もメッセージを送ってもらわなくとも、自動で【フォローされました】と表示が出ます。この表示とともに、LINEネームとそのアイコンも表示されます。

もちろん、このLINEネームとアイコンを見て、あなたがその方をご存知なのであれば、本名に変えることもできます。また、フォローされただけで、こちらから個別にメッセージを送ることもできます。誰

が友だちになって、友だち人数が増えているのかがわかったら、今後のLINE公式アカウントを使ったマーケティングに大いに活かせそうですよね。

　Lステップ導入は、LINE公式アカウント運用の問題点を全て一掃してくれる、と言っても過言ではありません。実際に私のアカウントも、Lステップを入れていますし、クライアントにも必要があればオススメしています。

　かなりの機能がそろっているにも関わらず、利用料は月額2,980円〜で、しかも最初の30日間は無料です。金銭的コストはそれほどかかりませんので、まずは導入してみるのも手です。

　第2章では、LINE公式アカウントの問題点を再認識していただきました。既存のLINE公式アカウントの中で使える機能を駆使して、代替案でうまくやることもできます。

　しかし、2,980円/月でこれらの問題点がスッキリ解決できるならどうでしょうか。月2,980円以上の投資対効果は間違いなく得られますし、私もLステップを導入してから、売上が2.5倍以上になっています。

　第3章ではまず、Lステップとは？というところから解説し、具体的な使い方まで全て網羅しています。LINE公式アカウントを使っている人で、このLステップというツールの存在を知っている人は、まだかなり少ないでしょう。

　あなたもLステップについて、第3章でしっかり学び、LINE公式アカウント運用上位1%の仲間入りを果たしませんか。それでは次章で詳しく見ていきましょう。

LINE公式アカウントの問題を解決するLステップ

LINE公式アカウントの
上級版とも言えるLステップ

様々なことが可能になる「Lステップ」。Lステップとはどのようなもので、何が可能になるのか、そして気になる料金システムも解説していきます。

Lステップとは？

Lステップとは、第2章の最後で見たように、従来のLINE公式アカウント運用上の問題点を全て解決してくれるそんな魔法のツールです。

LINE公式アカウントにLステップというツールを加えるようなイメージですが、一般の人から見たら、LINE公式アカウントであることに変わりはありません。

LINE公式アカウントとLステップは別々のものではなく、あくまでLINE公式アカウントにプラスされた機能であるという認識を持ちましょう。

Lステップで可能なことは様々ありますが、代表的なもの8つをまとめました。

図のようにLステップで実現できることは様々あります。本書ではその中でも特にこれは使えると著者が感じた8つの機能を中心に説明していきます。

このページでは簡単に、どんなことが可能になるか、見てみましょ

う。

①ステップ配信

　登録日に関係なく、友だち追加時のあいさつメッセージから順に配信されます。

　最短でサービスが購入されるステップを組むことで売上増が見込めます。

②セグメント配信

　友だち登録者にタグをつけることで、配信を絞り込むことが可能です。

　自動（回答フォームやボタンパネルを用いて）でもタグ付けができます。

③顧客管理

　顧客一人ひとりの専用ページができるので、Lステップ1つあれば顧客管理を全て網羅できます。

　その顧客ごとの統計情報やデータ、基本情報やメモなどが全て確認できます。

④登録者の把握

　誰が登録しているのか、LINEネームとアイコンでわかります。

　どのボタンを押したかなど登録されてからの行動履歴が全て記録されます。

⑤チャットボット・自動応答

　チャットモードとBotモードが併用できます。

　リッチメニューを作り込むことによって、チャットボットのように構築ができます。

⑥回答フォーム

　LINE内で回答フォームを作成することができます。

　記入された情報をもとに顧客管理ページに反映、キャンセル防止のためのリマインドメッセージもここから自動で設定ができます。

⑦セグメントリッチメニュー（上級機能）

　友だちや条件ごとに表示するリッチメニューを変えることができます。

⑧流入経路分析（上級機能）

　ブログ・SNS・チラシなど、どの媒体から友だちが追加されているのか分析できます。

　流入経路ごとにあいさつメッセージを変えることができます。

　このように主な機能をピックアップしただけでも実にたくさんのことが可能になることがわかります。本書では個別トークの仕方や配信といった基本操作から、Lステップならではの機能までしっかり解説していきます。

　機能によっては上級プラン、つまり月額料金をさらに払わないと使えない機能もあります。まずはLステップの基本料金から確認していくことにしましょう。

Lステップの料金

　Lステップの料金プランは、LINE公式アカウントと同じく、1ヶ月に送れるメッセージの通数によって異なります。それが以下の表になります。

プラン名	スタートプラン	スタンダード プラン	プロプラン
メッセージ通数 ／月	1,000通まで	15,000通まで	45,000通まで
料金	2,980円／月	21,780円／月	32,780円／月

※料金プランは2020年4月現在のものとなります。最新情報はLステップ公式サイトをご確認ください。

　プランによって使える機能は少々異なりますが、**スタートプランであっても、基本的にはほとんどの主要な機能を使うことができるため十分**と言えます。

　また、最初の30日間はどのプランも無料ですので、まずは試しにやってみるのもアリかと思います。私も最初は無理なく2,980円のスタートプランから始めました。

　ところがLステップを導入したことにより、売上が導入前と導入後で2.5倍ほど変わったのです。もちろんLステップの導入だけが要因ではありませんが、売上増大の主な要因はLステップの導入であることは間違いありません。

　Lステップを導入すると、多少なりとも費用はかかります。しかし、しっかり活用すれば、それを大きく上回るだけの費用対効果は得られます。経営者にとっては非常に安価な投資とも言えます。

　さらに、Lステップを構築した際にできるリッチメニュー（チャットボット）は、どれだけタップされても、月内のメッセージ通数にはカウントされません。つまり、**メッセージを配信することなく、成約に至ることも珍しくありません**。使い方・作り方によっては、まずはスタートプランだけであっても、全く問題ありません。

　ただし、1点だけ注意点があります。それはLステップの月額費用とLINE公式アカウントの月額費用は両方ともかかるということです。

　例えば、月に15,000通まで送ることができる真ん中のプランなのであれば、LINE公式アカウント5,500円（税込）とLステップ21,780円（税

込）を合わせた27,280円（税込）がかかるわけです。

　一番安いプランだと、そもそもLINE公式アカウント月額費用は無料
です。つまり、Lステップの月額費用2,980円（税込）だけで運用する
ことができます。

　それでは次のページから、Lステップの開設の仕方を進めていきます。

Lステップを開設して連携させよう

2 Lステップを利用するにはLステップを開設し、あなたの
LINE公式アカウントと連携させる必要があります。本節で
はその方法を詳しくお伝えします。

Lステップの契約をしよう

　まずはLステップの公式サイト（https://linestep.jp/lp/01/index.html）に
アクセスします。トップの右上に「お申し込み」ボタンがありますの
で、それを選択します。

　この時点でまだLINE公式アカウントを開設されていない方は、先に
そちらを開設してください。

Lステップ公式サイト
です。

　お申し込みボタンを押して、最下部までいくと、どのプランに申し
込むのか選択肢があります。

LINE公式アカウントの問題を解決するLステップ

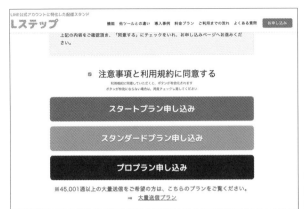

プランを選び、申し込みボタンをクリックしましょう。

　次のページでは、お客様情報とクレジットカード情報を記入していきます。

利用開始後30日間は無料です。課金が始まると3ヶ月は解約できませんので、注意しましょう。

「お客様情報」と「クレジットカード情報」を入力していきましょう。入力が完了したら「上記内容で申し込む」をクリックします。

注文完了

決済が完了しましたので、決済完了のお知らせをメールにて送付いたしました。

続いて、Lステップのご利用登録をお願いいたします。

アカウント発行へ進む

Lステップのご利用登録方法は、メールの方でもご案内しております。

注文が完了したら、アカウント発行へ進みましょう。

Lステップ ご利用登録

1 ユーザー登録 ▶ 2 LINE公式アカウント登録 ▶ 初期設定へ

注意事項

1. LINE側のAPIの仕様変更により仕様が変わる場合があります。
2. LINEの利用規約に則ってお使いください。
3. 当サービスの御利用につき、何らかのトラブルや損失・損害等につきましては一切責任を問わないものとします。

LINE@をご利用の場合

1. 当サービスの使用はLINE@プロ(API)プランでのみ可能となっております。
2. Messaging API(当サービスを含む)を導入すると、LINE@ MANAGERやLINE@アプリでは1対1トークが利用できなくなります。サービスを停止しても利用を再開することはできません。

利用規約

こちらをご覧ください

☑ 上記注意事項と利用規約に同意します

ユーザー登録/ログイン

はじめてLステップを使用する方

既存のLステップユーザーにアカウントを追加する

Lステップの登録画面が表れます。

Lステップ利用に関する注意事項が表示されるので、目を通したら「同意します」のチェックボックスにチェックを入れます。初めて使用する方はIDを作る必要がありますので「はじめてLステップを使用する方」を選択しましょう。

ユーザー登録／ログイン

はじめてLステップを使用する方

Lステップユーザー登録を行います

ユーザーID	必須	

※ログイン時に必要となりますので、必ずお控えください。
20文字以内
英数字、"_"(アンダーバー)、"-"(ハイフン)、"."(ピリオド)が使用できます。

パスワード	必須	

パスワードは6文字以上の英数字で指定してください。

パスワード(確認)	必須	

お名前	必須	

所属	任意	

メールアドレス	必須	

ユーザー登録

既存のLステップユーザーにアカウントを追加する

はじめてLステップを
使用する方を選択する
と、図のように情報入
力欄が表れます。

Lステップにログインするためのユーザー IDやパスワードを入力して
いきます。入力が完了したら「ユーザー登録」をクリックします。

1 ユーザー登録	2 LINE公式アカウント登録	初期設定へ

LINE公式アカウントの準備

Lステップを利用するためには、連携するLINE公式アカウントが必要です。

新しくLINE公式アカウントを作成する方法はこちら

LINE公式アカウント情報登録

利用プラン	スタート
ログインID	

LINE公式アカウントID	必須	@yourid

当サービスで使用するLINE公式アカウントのIDを入力してください。

LINE Official Account Manager　デモ用　@　フリー
アカウントID
ホーム　通知　分析　アカウントページ　チャット

アカウント名	任意	広報用アカウント

管理画面に表示する名前を設定できます(友だちには表示されません)

次の画面では、LINE公
式アカウントの連携を
行っていきます。

まずは、LINE公式アカウントのIDを入力します。

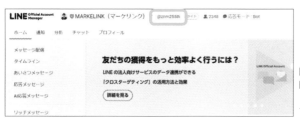

LINE公式アカウントの
IDはLINE公式アカウント管理画面の図の位置で確認できます。

　また、「アカウント名」は、LINE公式アカウントと同じアカウント名を入力しておきましょう。入力が完了したら、「アカウント登録」をクリックします。

アカウント@　　　を登録しました

Lステップ 初期設定

1 チャンネル設定　▶　2 受信設定　▶　3 LINEログインチャネル設定

現在設定中のLINE公式アカウントID：@

チャンネル情報入力

当サービスで送受信を行うために、LINE公式アカウントのチャンネル情報が必要です。

チャンネル情報の確認方法はこちら

Channel ID 必須

Channel Secret 必須

チャンネル情報を登録する

こちらの画面に遷移します。

　こちらの画面までたどり着いたら、一旦LINE公式アカウントの管理画面に移る必要があります。
　今のページはそのままに、新しいページを開きLINE公式アカウントへログイン（https://manager.line.biz/）しましょう。

画面右上の「設定」を
クリックします。

左の列にある「Messag
ing API」をクリックし
ます。

「Messaging APIを利用す
る」をクリックします。

まずは開発者情報を登録します。

　「開発者情報」は、Messaging APIを利用するための、開発者としての登録になります。ここでは、連携するLINEアカウントの所有者の名前とメールアドレスを入れましょう。私の場合、名前は「堤　建拓」、メールアドレスには個人使用のメールアドレスを入力しました。確認画面が出たら「OK」を押しましょう。

次に、「プロバイダーを選択」の画面です。

「プロバイダー名」は認証画面に表示されます。法人名・団体名・屋号名などを入力してください。個人の方で特に屋号のない場合は、個人名でも大丈夫です。入力したら「同意する」を押します。

プライバシーポリシー、利用規約のURLを入力する画面になります。

　こちらは後から変更することができます。特にプライバシーポリシーや利用規約がない場合はとばしても大丈夫です。入力せずに「OK」で進めてしまって構いません。確認画面が出るので「OK」を押して先に進めてください。

Channel ID と Channel Secretが出現します。

OKを押すと、開発者情報が登録されて画像のように「Channel情報」が発行されます。Channel IDの右にある「コピー」をクリックし、Lステップの初期設定画面に貼り付けます。同様に、Channel Secretについても「コピー」をクリックし、入力欄に貼り付けてください。

Lステップの画面に戻り、それぞれを貼り付けます。

　それぞれ貼り付けが完了したら「チャンネル情報を登録する」をクリックしましょう。

次にWebhook URLのコピーをします。

次の画面ではWebhook URLというURLが表示されます。

今度は、このURLを「コピー」をクリックして、LINE公式アカウントの管理画面に貼り付けましょう。

貼り付けが完了したら「保存」を押してください。

次にそのままLINE公式アカウントの応答設定を変更します。左メニューの「応答設定」を選択してください。

応答設定を変更します。

図のように設定を変更します。

応答モード…Bot

あいさつメッセージ…オフ

応答メッセージ…オフ

Webhook…オン

（あいさつメッセージと応答メッセージはオンにしてもよいのですが、Lステップ側でも設定するところがあります。どちらもオンになっていると、あいさつメッセージや応答メッセージが2通送られることになってしまいますので注意しましょう。）

Lステップ側にもこのようなアナウンスがあります。

　変更ができたら、Lステップの設定ページに戻り、次へ進みましょう。最初の大事な初期設定も残り半分以下になりました。次は「LINEログインチャネル」の登録です。

青いボタン、「LINEログインチャンネルの開設方法はこちら」をクリックしましょう。

マニュアルが開きますが、黄色いボックスの中にある「LINE Developersのページはこちら」をクリックします。

まずはログインを確認します。

画面右上にLINEのプロフィール画像が表示されていれば、画像をクリックし、名前をクリックしましょう。

　表示されていない場合は代わりに「ログイン」になっているので、クリックしてLINE公式アカウントのログイン情報を入力し、ログインします。

左の列に表示されている、あなたが作成したプロバイダー名をクリックします。

　名前をクリックするか、ログインすると上記のような画面になります。左の列に、あなたの入力したプロバイダー名が表示されているのでクリックしましょう。

画面が切り替わったら「+新規チャネル作成」をクリックします。

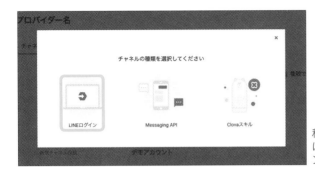

種類を選択する画面では、左の「LINEログイン」を選択します。

各種情報を入力していきます。

　既に入力されている部分については変更の必要がありません。チャネル名は、必ずLINE公式アカウントのアカウント名と同じにしてください。

　チャネル説明は、友だち登録者に表示されることがありますので「株式会社●●の公式アカウントです」などと簡潔に入力します。

　アプリタイプは「ウェブアプリ」にチェックを入れましょう。メールアドレスは、LINE公式アカウントを作成したときのメールアドレスで構いません。入力が完了したら、規約に同意して「作成」を押します。

画面上部に戻ってきますが、「非公開」となっているところをクリックして設定を変更する必要があります。

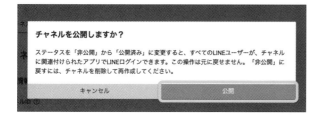

「公開」をクリックしてください。

　先程の「非公開」という表示が「公開済み」になっていたら設定が正しく変更されている状態です。

そのまま画面を下に進むと「チャネルID」という列があります。

まずは、チャネルIDの文字列を選択し、右クリックでコピーします。

Lステップの画面で、「LINEログインチャネルID」の欄に貼り付けます。

同様に、先ほどの画面を更に下に進むと「チャネルシークレット」の列がありますので、文字列を選択して、コピーします。
※右のボタンはコピーではありませんので、押さないように気をつけましょう。

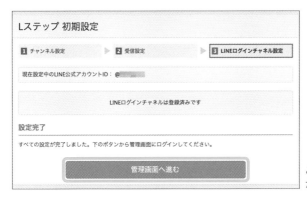

「LINEログインチャネル
シークレット」に貼り
付けます。

　最後にチェックボックスをクリックし、「LINEログインチャネルを登
録する」をクリックしましょう。

これで全ての連携作業
が完了しました。

　これで全て終了です。「管理画面へ進む」から、Lステップの管理画
面に入っていきましょう。お疲れ様でした。

Lステップでの個別トークの仕方を覚えよう

3　Lステップでは個別トーク1つとっても便利な機能があります。中でも「テンプレート送信」を活用することでメッセージのやり取りの時間短縮につなげることができます。

個別トーク1つとりあげても便利！

　LINE公式アカウントと同じように、Lステップでも個別トークができます。その方法は非常に簡単です。Lステップの図のところからトークします。

こちらがLステップの管理画面と個別トークをはじめるところです。

下部の「メッセージを入力して下さい」の部分から個別トークできます。

　さらに、「＋」のボタンを押すと、様々なメニューが出ます。

通常のトーク以外も、実に様々な設定をすることも可能です。

　例えば、よく使う文章を「テンプレート」に登録しておいて、それをそのまま送ることもできます。図の「テンプレート送信」がそれにあたります。

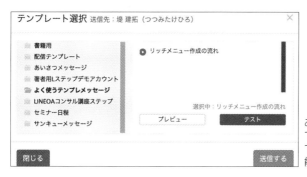

あらかじめ文章を作っておけば、ワンタッチで簡単に個別配信も可能です。

　マーケリンクの場合、お客様のリッチメニューを作成するケースが多くあります。毎回、手打ちでリッチメニュー作成の流れを説明するのは大変です。そこであらかじめ文章を作成し、それをテンプレートに登録。登録してあるテンプレートをそのまま送信することで、時間短縮になっています。

次に「個別返信」ボタンを押した場合の解説をします。

さらに図中の「個別返信」ボタンを押すと、個別返信ページにとびます。

個別返信ページです。

ここでは登録してあるテンプレートではなく、今この場面で様々なメッセージを作成し、送ることができます（作成方法などは次節の「テンプレート」で解説します）。

そして、通常のLINE公式アカウントにはない、個別メッセージの予約配信も可能です。Lステップの個別トークは、図のように予約配信できますので、夜中にメッセージ作成→次の日の朝や昼に配信設定が可能です。

3

テンプレートを理解し、配信の幅を広げよう

4 「テンプレート」はLステップを使いこなす上でとても重要で、欠かせないものとなります。種類や使い方をしっかりと理解し、使いこなしていきましょう。

テンプレートは全ての機能の基本となる

Lステップの機能を使いこなすには、テンプレートの理解が必須です。テンプレートの使い方をマスターすれば、Lステップの大半は理解できたと言っても過言ではありません。

ステップ配信やチャットボット機能を使いこなしたい！という方も多いでしょうが、それを構築するには、テンプレートの理解から始まります。しっかり見ていきましょう。

テンプレートは大別すると、次のようになります。

「テキスト」「スタンプ」「画像」「質問」「ボタン・カルーセル」「位置情報」「紹介」「音声」「動画」です。

一つひとつ解説をしていきます。

テキストの使い方

テキストはその名の通り、シンプルに文章で送るメッセージです。

テンプレートは全ての操作の基本となります。しっかり覚えておきましょう。

LINE公式アカウントの問題を解決するLステップ

87

図のように「名前」というボタンをクリックすることで、こちらに相手のLINEネームを入れることができます。自分の名前を配信で呼ばれると、登録者も親近感がわくと思います。積極的に[名前]タグ機能は使っていきたいですね。

　あとは普通の文章を入力していけば大丈夫です。文章が完成したら「テンプレート登録」を押してください。

スタンプの使い方

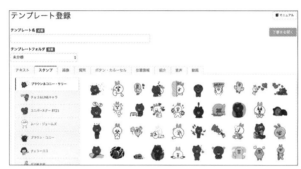

スタンプは表示のものを配信することができます。

　図のように基本的なLINEスタンプはLステップでも配信することはできます。しかし、LINE公式アカウントでスタンプを配信することはあまりありません。スタンプ自体で配信のスペースをとってしまうので、使わない方が賢明かと思われます（通常の1:1トークでスタンプを使う分にはOKです）。

画像の使い方

　Lステップで言う「画像」はLINE公式アカウントで言う「リッチメッセージ」にあたります。つまり、画像をタップすると、指定したURLへとばすことができます。

まずは「画像を選択する」を押して、配信する画像をアップロードしてください。

画像をアップロードしたあとは、右側の「詳細設定ON」を選択します。

　すると、図のように画像選択タブの横に「リンク設定」が出現します。

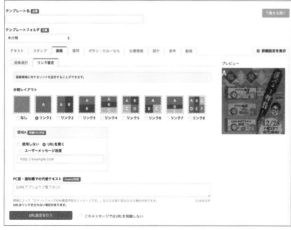

分割レイアウトが選択できるようになります。

それぞれで異なるリンク先を選択することができ、最大で6分割まで可能です。

　画像では、リンク先にとばすこともできますし、テキストを出すこともできます（図中ではユーザーメッセージを送信とあります）。

　テキストを出すことによって、そのテキストに対して、自動応答で別のテキストやテンプレートを出すといった高度なことも可能です。自動応答については後述します。

URL設定を覚えよう

URL設定は、設定しておくと非常に便利です。該当のURLをまずは入力しておきましょう。

　ところで図のように「URL設定を行う」というボタンがあるのはお気づきでしょうか。この機能、実は隠れているようですが、優れた能力を持つ機能なのです。

　例えば、図の画像は、マーケリンクの福袋販売配信ということで、公式ブログの特設ページにとばす画像です。

「URL設定を行う」を押すと、「URL読み込み」に変わります。

　そこでこのURL読み込みボタンを押すと、「設定」ボタンが図のように出現します。

アクション設定は重要です。しっかり覚えておきましょう。

　さらに「設定」ボタンを押すと、「訪問時アクション」という項目が出現します。

　つまり、訪問時アクションを設定すると、**登録者が実際にリンク先を訪問したときに、LINE公式アカウントでこの操作をする、ということが設定できる**のです。

アクション設定を覚えよう

アクション設定では図のように様々な設定ができます。

例を見てみましょう。

「テキスト送信」を選択しました。

　図の設定では、マーケリンクの該当のページを訪問すると、Lステップの方から、テキストで「福袋サービスの詳細をご覧いただきまして、ありがとうございます」などとメッセージを送ることができます。すぐに送信したくない場合は、送信タイミングを遅らせる設定も可能です。

　これはシンプルな例ですが、他にも、

①テキスト送信：指定した文章を送信できる

②テンプレート送信：すでに作成してあるテンプレートを送信できる

③タグ操作：タグで「●●興味あり」と自動でつくようにする

④友だち情報操作：友だち情報欄に指定した文字や数字を入れられる

⑤シナリオ操作：すでに作成してあるシナリオを送信できる

⑥メニュー操作：すでに作成したリッチメニューに自動で切り替わる（上級機能）

⑦リマインダ操作：すでに作成したリマインダ配信を送信予約できる

⑧ラベル・表示操作：それぞれの顧客につくラベルを変更することができる

⑨通知：自分のスマホにリアルタイムで通知させることができる

というような様々な使い方ができます。ただし、これだけではわかりづらいので、具体的な事例と共にどのようなときに使うか、②のテンプレート送信から解説をします。

テンプレート送信の使い方

それでは先ほどの福袋配信の該当ページが見られたら、テンプレートが送られる設定を行います。

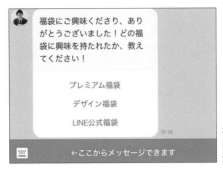

福袋のページが見られたら、図のようなテンプレートを送るという設定をします。

　福袋ページが見られたら、「どの福袋に興味がありますか？」というテンプレートを送ります。そうすることによって、相手の興味度を更に高め、こちらは相手の興味のある福袋の種類を確認することができます。

　このテンプレートは「ボタン・カルーセル」タイプといいます。このあと作成方法を解説します。

こちらが内部の設定です。

　「テンプレート送信」を選択し、すでに作成した該当のテンプレートをクリックします。今回はリンク先が見られたあと、すぐ配信するのではなく、5分後に送信するという仕組みにしました。最後に「この条件で決定する」を押したらOKです。

タグ操作の使い方

タグ操作では、「この福袋配信をタップした＝福袋に興味あり」という構図から、「福袋興味あり」というようなタグをつけることができます。タグをつけておくと、後々便利なことが多くなります。（例えば、後日「福袋興味あり」というタグがついている人だけに配信）それでは内部の設定を見てみましょう。

「タグ操作」を選択します。

「タグ操作」を選択後、実際に「タグ選択」の中で、つけたいタグの名称を記入します。名称を記入したら、図の「『福袋興味あり』を新しく追加」を選択すると、タグがつくようになります。

図のようにタグがついたらOKです。

タグがついたら「この条件で決定する」を選択してください。

友だち情報操作の使い方

　友だち情報は、例えばこちらの図のスコアリングをすることをオススメします。

「スコアリング」を作成します。

　スコアリングとは、配信を押してくれた人に対して「＋1」という数字が加算されるようにすることです。今回の配信時だけではなく、毎回の配信でこのスコアリング設定をします。そうすることで、いつも配信に興味を持ってタップする人は数字がどんどん加算していくようになります。逆に配信をタップしない人は、数字が加算されません。

　後日、いつもタップしてくれる（＝スコアリング数値が高い）方のみの限定配信などもできますね。

シナリオ操作の使い方

　シナリオ操作は、この配信をタップしたらタップした方にだけ今後、配信が流れるという設定ができます。「配信をタップする＝福袋に興味あり」ですので、タップした方だけに翌日から、ステップ配信が自動で流れるようにしたら便利ですね。翌日には「福袋の中身をもっと紹介」、3日後には「堤から動画で福袋のよさを紹介」、7日後には「いよいよ本日発売開始！」と順を追ってワクワクさせる配信を組むことができます。シナリオ配信・ステップ配信の詳細は後述しますが、仕組

みを作れば、売上UPにつながること間違いなしです。

すでに作成しているシナリオを選択してください。

メニュー操作の使い方（上級機能）

　こちらは福袋配信がタップされたら、リッチメニューを専用のものに変えられるという設定です。通常リッチメニューは6分割で色々なボタンを触ってもらえるようになっています。しかし、逆に押すところがたくさんありすぎて興味が分散してしまうというデメリットもあります。

　そこで福袋配信を押した方だけに、1画像であえて分割なしのリッチメニューに変更することで、いつでも福袋に申し込んでもらえる導線を作成できます。リッチメニュー設定は後述します。

すでに作成しているリッチメニューを選択してください。

L I N E 公式アカウントの問題を解決するLステップ

リマインダ操作の使い方

　リマインダ操作は、決まっている予定に対して、リマインドする配信ができます。例えば、今回の福袋配信で、12月28日に発売開始です！　と事前告知しました。リマインダ操作を設定すると、発売日の12月28日（＝ゴール）の前日に「明日は福袋発売日ですよ！」とリマインドすることができます。この設定を見ていきましょう。

すでに作成しているリマインダを選択してください。

　リマインダ作成については後述します。リマインダを選択すると、次はゴール日時の入力です。リマインダの方では、「ゴールの1日前にこの配信をする」という設定をしています。ゴールはこのアクション設定で行います。全て入力できたら「この条件で設定する」を選択しましょう。

ラベル・表示操作の使い方

　アクション設定では、ラベルも変更ができます。まずはラベルとは何かを確認しましょう。

個別トークや友だちリストで図のように出る表示のことを「ラベル」と言います。

ラベルとは図のように「要対応」や「未返信」とわかりやすく表示できるものです。ラベルの付与は手動でもできますが、配信に対してこれを自動でつける、というアクション設定もできます。

それでは内部の設定を見てみます。

「ラベル・表示操作」を選択してください。

対応ラベルは図のように表示変更できます。ちなみに任意ですが、このラベル表記は自分で記述を変更することができます。例えば、図の「要対応（クレーム）」はあまり使わないので、「要確認」というラベルに変更したいとします。

LINE公式アカウントの問題を解決するLステップ

Lステップ管理画面の「アカウント設定」からラベル変更できます。

「管理画面設定」を選択してください。

変えたいラベルを図のように変更しましょう。

　こちらで「要対応（クレーム）」を「要確認」に変更ができますね。マーケリンクではその他にも、自社にあわせたラベルに変更しています。例えば、この方は「堤対応」です、やこの方は「返信待ち」です、といったラベルをつけて有効活用しています。ラベル表記を変更できたら、最下部までスクロールして「設定を保存」を押しましょう。

対応ラベルを変更できたら「この条件で設定する」を押しましょう。

これでラベル・表示操作はOKです。

通知の使い方

それでは最後に通知の設定を見ていきましょう。

通知の設定をすると、図のように記述したメッセージがスマホに通知されます。

この機能は大変便利で私もよく活用しています。なぜならば配信でタップされたのが、リアルタイムでスマホに通知されるからです。

通知を自分のスマホ（LINE）に送るためには、Lステップと自分のLINEを連携させる必要があります。連携させるためには図の「設定方法はこちら」から確認ができます。

通知設定をしておくと
便利です。この際、設
定しておきましょう。

Lステップの管理画面
から「マイページ」を
選択してください。

まずはスマートフォン
連携を行います。

スマートフォン連携から、「連携番号発行」を選択してください。

「LINE連携コード」が発行されます。

　連携コードが発行できたら、こちらを控えます。次にトップ画面からLステップのアカウントをスマホで追加しましょう。

LステップのLINE公式アカウントを友だち追加します。

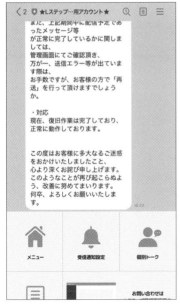

友だち追加後、リッチメニューの「メニュー」を選択してください。

先ほど控えたLINE連携コードを入力します。

次に「スマートフォン連携設定」を選択してください。

どのような通知を受け取る
か選択してください。

　私の場合は、全ての通知をリアルタイムで受け取るように設定しています。一部の重要な通知を受け取りたい、リアルタイムでなく、1時間おきにまとめて受け取りたいなど、自分にあわせて設定もできます。

「1:1でLINE Notifyから通知を
受け取る」を選択後、「同意
して連携する」を押します。

これで自分自身に通知がくる設定ができました。お疲れ様でした。な
お、関係者各位が入っているグループに通知をさせたい場合は、LINE
Notifyをグループに入れてください。これでグループに通知がくるよう
になります。

　全てのアクション設定は以上で終了です。アクション設定はLステッ
プの至る所で活用できます。ぜひ使いこなせるようにしておきましょ
う。

質問、ボタン・カルーセルの使い方

　「質問」と「ボタン・カルーセル」の使い方は非常に似ています。先
に「ボタン・カルーセル」の使い方を説明した方がわかりやすいため、
ここでは「ボタン・カルーセル」の説明をします。

　「ボタン・カルーセル」はその名の通り、ボタンを押してもらうこと
を主とした配信です。こちらは簡単に作成・配信できる割にクリック
される確率も高くなりますので、とてもオススメです。
今回は、福袋配信に関しての詳細ページを見てもらう、という仮定で
作成してみます。

簡単にボタンを作成す
ることができます。

　まず、「パネル1本文」は記載すると図のようになります。パネル1本
文のみ必須です。なお、このパネルには任意で画像を添付することも
できます。よりイメージを明確にさせたいときは、ぜひ画像も挿入し

てみましょう。画像サイズは横1024px×縦678pxとなります。

　そして最もポイントとなるのが、ボタン部分です。図中の「選択肢」部分には文章を入れます。20文字まで入りますが、11文字以上の場合、スマホによっては文章が切れてしまいます。できれば10文字以内におさめるとよいでしょう。例えば、商品を購入してもらいたくて専用ページにとばす場合、「詳細はこちら」や「商品を購入する」というような記述ができますね。

選択後の挙動設定は非常に大切です。

　選択肢を登録者が押したときに、どんな挙動をするかも設定できます。図のように、「何もしない」「URLを開く」「電話をかける」「LINEアカウントを友達追加」「メールを送る」「回答フォームを開く」「シナリオを移動・停止」があります。

　この中でもよく使うのが、「何もしない」「URLを開く」「回答フォームを開く」の3つです。順に見ていきましょう。

①何もしない場合

　実はこれ、その名前に騙されてはいけません（笑）。決して何もしないのではなく、ボタンが押されたときに「テキスト」または「テンプレート」で返信することができます。

　テキストの場合は、その場で設定した簡単な短文を返すことができ

ます。

　テンプレートの場合は、すでに作成したテンプレートを返すことができます。つまり、「このボタンを押されたときに、このテンプレートを返す」という設定をすることで、チャットボットのような機能を作ることができます。

「二度押しした時返信」が出ていない場合は、1度、「テンプレート更新」してから、設定してください。

　細かいですが、図の二度押しされたときの返信も設定をお忘れなく。基本的には同じものが返信されるようにしておくのがコツです。この設定を忘れてしまうと、二度押しされたときに、「既に押されています！」というメッセージが返ってしまいます。

　次にタグ操作です。

ボタンが押されたときに「福袋興味あり」というタグがつくように設定しました。

　選択肢が押されたときに、「タグ」を付けることもできます。例えば、ある商品の宣伝の配信であった場合、このボタンを押した＝その商品に興味ありという構図が成り立ちます。

　そこでこのボタンが押されたときに「（商品名）に興味あり」というタグをつけておくことができるのです。このあたりの細かいマーケティング機能が搭載されているのがLステップのよさですね。

　最後に「友だち情報」に特定の記述をすることも可能であることをお伝えします。

　例えば、図のように「あなたの好きな食べ物は？」という配信をしたと仮定します。このとき友だち情報に「好きな食べ物」という項目を作成します（※友だち情報に関して詳しくは顧客管理の部分で後述します）。

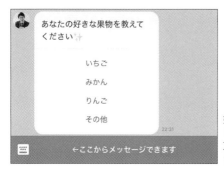

好きな食べ物をボタンで出して、その回答がそのまま友だち情報に反映されるようにします。

このとき、友だち情報に選択した食べ物がそのまま反映されたら、顧客管理するときに便利ですよね。ボタンで「いちご」と押されたら、友だち情報にそのまま「いちご」と入力されます。

友だち情報欄に「好きな食べ物」を作成し、「セットする値」を「いちご」にしたらOKです。

このように顧客情報に反映させたいものがあるときは、友だち情報にセットする値を指定するとよいでしょう。値とありますが、数字はもちろんのこと、単語もセットできます。

注意！　よくあるミス

最後に注意点です。右下「ボタンのタップ回数」はデフォルトのままだと、「各パネルで1回ずつ」となっています。これをこのままにしてしまうと、配信を見た方が、ボタンを色々触ったときに、「既に押されています！」というテキストが返ってしまいます。

全てのボタンをきちんと作動させたい場合は、図のように「すべて1回ずつ可能」にしておきましょう。

それでは少し長くなりましたが、「ボタン・カルーセル」の選択後の挙動でよく使うものに戻ります。

②URLを開く

「URLを開く」はシンプルです。

URLにとばすときはシンプルです。該当するURLをペーストします。このURLに関しても、「画像」のところで先述したURL（訪問時アクション）設定が可能です。

③回答フォームを開く

LINE公式アカウントセミナー申込フォーム (プレビュー)

マーケリンクが日本全国で行っている、LINE公式アカウントセミナーの申込フォームです。参加費は一律【3,500円（税込）】となります。
申込まれると、折り返しすぐLINEにメッセージが届きます。
折り返しのメッセージで、あらためて、
★日程
★会場情報
★お振込み先（→本日から1週間以内にお願いします）
をご確認ください。

| お名前 必須 | 堤 建祐 |

個人or法人 必須
○ 個人
○ 法人

| 会社名（法人の場合） | 株式会社MARKELINK |
| メールアドレス 必須 | markelink.office@markelink.biz |

申込経由 必須
☐ ネット検索（ブログ）
☐ 堤の書籍
☐ 知人紹介
☐ YouTube
☐ その他（具体的に書いてくださると嬉しいです˙˙）
複数選択可です。

セミナー参加日程 必須 選択して下さい ▼

クーポンコード（あれば）

ご質問など（あれば）

※恐れ入りますが、企業様などで、複数人で参加される場合は、参加人数・参加される方のお名前をご記入ください。（参加費は、3,500円×人数分となります。）

送信

このようにLステップ内では回答フォームを作成することもできます。

　図のような回答フォームにとばすこともできます。回答フォームに関しては詳しくは後述します。商品やサービスの購入申込フォームにそのままとばすことができますので、かなり便利な機能になります。

　さて、「ボタン・カルーセル」の基本はこれでOKです。1つのパネルにつき、ボタンは最大で4つまで出せます。次はこれを少し応用してみましょう。

ボタンが横に連なったカルーセルです。

　図のように、いくつかパネルを横に出すことをカルーセルと言います。カルーセルにしたいときは、ボタンの選択肢は最大で3つまでになることを覚えておきましょう。なお、パネルは最大で5個まで横に出すことができます。カルーセルにも画像を挿入することが可能です。ぜひ試してみてください。

カルーセルにしたいときは右上の「詳細設定ON」で可能です。パネル2が出現します。

　さて、ここまで少し長かったですが、「ボタン・カルーセル」の解説でした。繰り返しになりますが、「ボタン・カルーセル」は配信する際やチャットボットを作る際にとても重要になります。

「質問」は「ボタン・カルーセル」とほぼ同じ

　それではあわせて「質問」についても解説します。

「質問」も基本は同じです。

　「質問」の場合も基本の仕組みは「ボタン・カルーセル」とほぼ同じです。違うところとしては、「質問」の場合は選択肢が2つに限られることです（この意味では「ボタン・カルーセル」で選択肢を2つにすれば「質問」と同じになりますね）。

　そしてもう1つ異なるところ、それは図のように「質問文」が割と長めの160文字まで書けることです。「ボタン・カルーセル」の場合は60文字までしか書けませんから、「質問」の方が少し長めに記述することができます。

位置情報の使い方

　位置情報は登録者に対して、図のようにGoogleマップを送ることができます。ただ単に住所を送るよりも、Googleマップで送ってあげた方がわかりやすいですね。

こちらが位置情報の配信イメージです。

図の丸の位置に、送りたい住所を記入してください。

　使い道としては、セミナーやイベントの開催地をお知らせする一斉配信。あとは、オフィスや店舗に来店予定がある方に個別配信することもできます。

　こちらの位置情報をテンプレート登録しておき、送りたい方に個別でそのテンプレートを送信すればOKです。

紹介の使い方

　こちらは他社のLINE公式アカウントを紹介するときに使う機能です。

図のように紹介したいLINE公式アカウントのIDを入力してください。

115

紹介したいLINE公式アカウントのIDがわかれば、こちらで紹介配信することができます。

　ただし、紹介したいLINE公式アカウントの友だち追加URLがわかれば、特にこの「紹介」機能を使わなくても大丈夫です。「ボタン・カルーセル」のパネルにURLを貼り付ければ紹介可能となります。

LINE公式アカウントのIDは管理画面の図の位置からわかります。

LINE公式アカウントの友だち追加URLはこちらです。

音声の使い方

　音声はシンプルです。音声はデータを図の部分からアップロードしたら、そのまま配信できます。

長さは1分以下、最大10MBのものがアップロードできます。

音声はどんなときに使うの？　と思われる方も多いかもしれませんが、意外と使い道があります。例えば、英会話スクールを運営されている方なのであれば、「今週の英会話便利フレーズ！」などとあえて音声で配信できます。また、話し方の講師をされている方も同様に「話し方レッスン」という形でお届けできますね。

　私の場合、一見音声で配信するようなことはありませんが、「Weekly（ウィークリー）堤」と題して、ラジオのように私の日常を音声配信することが稀にあります（笑）。

　スマホで録音した音声をアップロードして配信するシンプルなものです。しかし、これが意外と好評。文章で配信する方は多いのですが、音声配信をしている方は皆無です。

　堤のLINE公式アカウントはいつも変わった面白いものが配信されてくる、と登録者に思われ、アカウントに愛着を持ってもらえるという効果があります。

　LINE公式アカウントはその企業のキャラ・面白さを出していくことが重要です。テキスト配信もいいのですが、たまには少し変わった切り口で配信するのもアリです。

動画の使い方

　動画も基本的には音声配信と変わりありません。ただし、Lステップから動画配信する場合は、長さが1分以下で10MB以下の容量である必要があります。

図の位置から動画をアップロードできます。

そもそもLINE公式アカウントでは5分も10分も長い動画を流すには適していません。長い動画を配信する場合は、YouTubeのURLへとばした方がよいでしょう。動画配信を直接する場合は、1分以下くらいがちょうどよいと思います。

　補足ですが、Lステップで動画配信する場合はサムネイルも選択できます。

　動画配信はLINE公式アカウントと切っても切り離せない関係です。よいLINE公式アカウント＝その企業のキャラや「個」の部分が見える、と言えます。動画ではこうしたキャラ部分をしっかり見せることができます。

　社長の挨拶、スタッフ紹介、製品の紹介なども人が行って、動画配信することで、よりイメージが伝わるでしょう。

カルーセル（新）の使い方

　テンプレートの中で独立しているのが「カルーセル（新）」です。基本的には前述した「ボタン・カルーセル」と同じです。しかし、登録者からの見え方が少し異なります。

図の位置から新規作成をします。

118

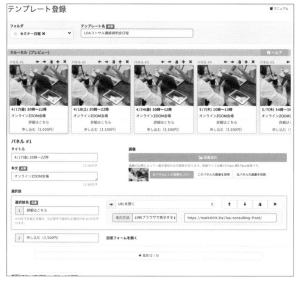

カルーセル（新）の見
え方は図のようになり
ます。

　図のように「カルーセル（新）」は横に10個まで表示することができ
ます。URL設定や選択肢の数などは「ボタン・カルーセル」とほとんど
同じです。見え方が異なるだけですので、好きな方を使うようにしま
しょう。

パック作成の使い方

　意外と最初に使いどころがわからないのがこのパックです。

図の位置から新規作成
することができます。

　パックは1回の配信で複数の吹き出し（テンプレート）を送るときに
活用できます。

Lステップの場合、1回の配信で1つの吹き出し（テンプレート）しか送れません。ですので、1回の配信で例えば、2吹き出し送るのであれば、あらかじめパックにしておく必要があるのです。

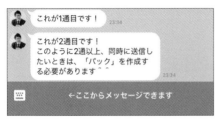

図のように複数の吹き出し（テンプレート）を送る場合は、あらかじめパックにします。

　そして実際に配信するときにその作成したパックを選択すれば、同時に複数の吹き出し（テンプレート）を送れるようになっています。
　蛇足ですが、パックで作成すれば、複数の吹き出しでも1通カウント扱いです。パック内に3吹き出しあるからといって、3通カウントにはなりません。

Lステップで一斉配信・ セグメント配信をしてみよう

5 一斉配信やセグメント配信の方法を説明します。Lステップのセグメント配信はかなり細かく設定することが可能ですので、しっかり学んでいきましょう。

一斉配信の仕方

テンプレートを作成・活用できるようになると、一斉配信やセグメント配信も簡単になります。

まずは一斉配信をしてみたいと思います。

図の位置から「一斉配信」＞「新規配信」または「テンプレート配信」を選択します。

「新規配信」は今からこの場で配信も作成する場合です。「テンプレート配信」はすでに作ってあるテンプレートやパックを選択して配信します。

オススメとしては、すでに作成してあるテンプレートを選択して配信する方が簡潔でわかりやすいです。

あらかじめ配信するメッセージをテンプレートで作っておいたほうが便利です。

L|NE公式アカウントの問題を解決するLステップ

121

私も、図のように先に「4/6配信」とパックを作成し、それを一斉配信する方法をとっています。今回はこの方法で解説をします。

テンプレートを選択したら、「配信設定へ進む」をクリックしましょう。

一斉配信の場合は「友だち全員に配信する」でOKです。

今すぐ配信したいならば「登録後すぐに配信する」です。予約配信の場合は「配信日時を指定する」で設定しましょう。最後に「配信登録」を選択すると、実際に配信されたり、予約配信されたりします。とてもシンプルですね。

セグメント配信の仕方

　配信対象者を絞り込んで配信するという、セグメント配信の方法を解説します。LINE公式アカウントはかなり限定的なセグメントになりますが、Lステップの場合ではかなりたくさんの絞り込みができます。

「友だちを絞り込んで配信する」＞「絞り込み条件を設定」でセグメント配信が可能です。

　ここではどういった絞り込みが可能か、箇条書きにします。わかりやすくよく使う順に列挙してみました。

かなり細かなセグメント配信ができます。

●よく使う

「友だち登録日」…直近1週間以内に友だち登録した人、4/1～4/3の期間で友だち登録した人など、友だち登録された期間別で配信します。

「タグ」…このタグがついている人だけに配信。逆にこのタグがついている人には配信しないというときに使います。

●まあ使う

「対応マーク」…友だちごとに対応マークが付与できます（テンプレートでは「ラベル」で解説したものです）。

「友だち情報」…友だち情報にこの文言が入っている人だけに配信などと使います。基本的にはタグで事足りてしまうので、タグ別セグメント配信よりは使う頻度は少ないです。

「シナリオ」…このシナリオ（詳細は後述）を読んでいる人に配信・配信しないということができます。どちらかというと後者で使うことが多いです。友だち追加直後のシナリオ（ステップ配信）を購読中で、余計な配信をしたくないというケースで使います。

「回答フォーム」…この回答フォームに回答してくれた人（＝商品の申込者）に配信したいというときに使います。申し込まれたけど、何らかの理由で返金・返品しなければならなくなり、一斉連絡したいときに使えます。

「最終反応日」…最後に何らかの反応（メッセージ送信やリッチメニュータップなど）をしてくれた月や日によって配信できます。しばらく反応していない人だけに配信・逆に配信しないというときに使えます。

●上級プランのみ

「コンバージョン」…この商品を買ってくれた（＝コンバージョン）人だけに配信するというときに使います。

「流入経路」…この経路（例えばYouTube）から友だち追加してくれた人だけに配信するというときに使います。

「リッチメニュー」…このリッチメニューがついている人だけに配信するというときに使います。

●あまり使わない
「名前」…この名前が付いている人だけに配信するときに使います。
「個別メモ」…個別メモに特定のキーワードが書かれている人だけに配信するときに使います。
「ステータスメッセージ」…ステータスメッセージに特定のキーワードが書かれている人だけに配信するときに使います。
「リマインダ」…このリマインダ（詳細は後述）がついている人だけに配信するときに使います。

　いずれも筆者の主観ではありますが、おおよそどの企業の場合もこれが基本となるかと思います。それぞれのセグメント条件は「かつ」・「または」両方の条件で使うことができます。
　例えば、「4月に友だち登録してくれた、Aという商品に興味ありというタグがついている人」・「Bというタグがついている人またはCというタグがついている人」のように複数の条件でセグメント配信することができるというわけです。

Lステップで自動応答を活用してみよう

6 　自動応答は大きく分けて2つの使い方があり、それぞれを理解することで2,980円のプランでもリッチメニューからのチャットボットを構築することができます。

自動応答のメインの使い方を知る

　それでは次に自動応答を活用していきましょう。Lステップを導入している場合、LINE公式アカウントのようにチャットモード・Botモードのどちらか一方だけを選択しなければならない、ということはありません。Lステップが入っていると、チャットモードとBotモードの両方が併用できることを覚えておきましょう。

　さて、それでは本題です。Lステップで自動応答を駆使する場合、大きく分けて2つの使い方があります。

> ①キーワードに対しての自動応答
> ②リッチメニューからのチャットボット機能（2,980円のプランを使っている方のみ）

　①はLINE公式アカウントでもお馴染みの機能です。あるキーワードを入れたら、それに対してあらかじめ設定しておいたテキストが返信される、というイメージのものです。

　②は少しわかりづらいですね。詳しくは後述しますが、チャットボット機能を構築していく上で、欠かせない考え方になります。

①キーワードに対しての自動応答

自動応答は図の位置から設定します。「新しい自動応答」を選択してください。

　自動応答名はご自身がわかればどんな文字を入れても大丈夫です。私の場合は応答するそのキーワード自体を入れています。

自動応答登録

自動応答名 必須	フォルダ	自動応答 ON/OFF
プレゼント	書籍用	ON

1、反応するキーワードを設定する する する キーワードに関わらず反応する

キーワード	マッチ方法	最低字数
プレゼント	完全一致	

2、反応する時間帯を設定する 設定する 設定しない

3、絞り込み・反応条件を設定する

4、反応時のアクションを設定する

自動応答はうまく使いこなすと便利です。

　「1、反応するキーワードを設定する」ですが、大きく分けて完全一致と部分一致があります。
　例えば、「『プレゼント』とメッセージいただけると、●●差し上げます！」というような配信をすることがあります。そんなとき全員が

全員、「プレゼント」とだけキーワードを送ってくれれば問題ありません。しかし、中にはご丁寧に「プレゼントをお願いします！」「プレゼントください！」というキーワード以外の文章で送ってこられる方もいます。

　このケースのときに完全一致だと反応しませんが、部分一致だと反応します。時と場合に応じて完全一致と部分一致は使い分けるとよいでしょう。

　「2、反応する時間帯を設定する」では曜日や時間帯に応じて、反応するかどうか設定できます。

　「3、絞り込み・反応条件を設定する」では、自動応答の反応を起こす条件を設定できます。「Aというタグがついている人限定」「友だち登録が1週間以内の人限定」など細かい設定が可能です。

　「4、反応時のアクションを設定する」では、指定したテキストやテンプレートを返すことができますし、それ以外のタグ付けなども可能です。

　LINE公式アカウントの自動応答に比べて、より細かな条件を設定することができる印象です。

②リッチメニューからのチャットボット機能（2,980円のプランを使っている方のみ）

　それでは②の解説に移ります。②は①を応用して構築するチャットボットの仕組みです。

　Lステップのスタンダートプラン以上を契約されている方は、Lステップ自体にリッチメニューを付与する場所がありますので、こちらは読みとばしていただいて構いません。

　逆に2,980円のスタートプランを契約されている方は、Lステップ内にリッチメニューを追加する場所がありません。では2,980円のプランの場合はリッチメニューがつけられないの？　と思われる方もいるかもしれませんが、少し頭を使えば大丈夫です。

このプランの方は、Lステップではなく、通常のLINE公式アカウントの
管理画面のリッチメニューから、リッチメニューを追加してください。

図のようにリッチメ
ニューのアクションを全
て「テキスト」に設定
してください。

こちらはLINE公式アカ
ウントの中のリッチメ
ニュー設定です。

　例えば、図の例でいくと、Aの部分を押したときに「初めての方へ」
というテキストが出るような設定になります。
　そしてLステップの方では、この「初めての方へ」というキーワード
に対して、反応させたいテンプレートを返すのです。

LINE公式アカウント側
で出現したテキストに
対応する自動応答を設
定します。

こちらの場合は、ボタン・カルーセルで作った英会話スクールの紹介が返るように設定されています。

　あとは他のリッチメニューでも同様のことを行うだけです。2,980円のスタートプランでも、

❶LINE公式アカウントの方にリッチメニューを設置
⬇
❷全て「テキスト」設定
⬇
❸❷で設定したキーワードに対して、テンプレートが返るように設定

をすれば立派なチャットボットの完成です。

こちらから事例で紹介している英会話スクールのリッチメニューチャットボットを体験してイメージをつかんでみましょう。

Lステップで回答フォーム を活用してみよう

7 他のツールを使うことなく、Lステップ上で回答フォーム を作ることができます。またアクション設定などを理解す ることで活用の幅が大きく広がります。

回答フォームの作成とできること

　次はLステップでも特に嬉しい機能の1つ、回答フォームです。セミ ナーやイベント・商品購入のための申込フォームをLステップ上で簡単 に作成できます。

　申込フォームを別途違うツールを使って作成する必要がないので、特 に個人起業家の方には重宝されています。

このように一般的な回 答フォームが簡単に作 成できます。

それでは先に完成図からご覧ください。こちらはマーケリンクのLINE公式アカウントセミナー申込フォームです。このようなフォームがものの数分で作成できてしまいます。

　フォームを作成するには、「小見出し」「中見出し」「記述式（テキストボックス）」「記述式（テキストエリア）」「チェックボックス」「ラジオボタン」「プルダウン」「ファイル添付」「都道府県」という要素があります。

　それぞれどのような際に使うのかと、設定する際に注意すべきことを見ていきましょう。

「小見出し」「中見出し」

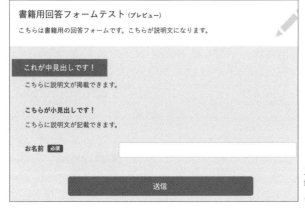

見出しには「お客様情報」などと記述することがあります。

　それぞれ図のように見出しがあらわれます。回答フォームをわかりやすくするためのものですので、必須ではありません。見出しだけではなく、見出しに画像・説明文を加えることもできます。

「記述式（テキストボックス）」

こちらがイメージです。

テキストボックスは最もよく使う要素です。図は名前を記入してもらうためのテキストボックスになっています。補足文を入れると図のように、回答欄の下に小さく文章が入ります。

プレースホルダーとは、最初から薄くイメージとして記入文字が入るものです。その下の初期表示を使用するにすると、最初から指定した文字を記入された状態にもできます。

そして回答の登録先です。この場合は記入された名前を本名として反映させることができます。

最後に、左下の入力規則です。名前の場合、特に入力規則は設定しなくてよいですが、例えば、メールアドレスを記入してもらうような場合に有効です。回答欄にメールアドレスの形式以外の文字列が入ったら、エラーが出るように設定ができます。

そして右下、必須項目であれば「必須」にチェックを入れてください。「非表示」にチェックを入れると、表向きには回答欄が存在しない状態になります（あまり使わないかもしれません）。

「記述式（テキストエリア）」

こちらがイメージです。

ご質問など	段落(テキストエリア)	✐編集	🗐複製	✛移動	✖削除
項目名	ご質問など		⚪ 項目名を隠す		
補足文					
	回答入力欄の下に表示されます				
プレースホルダ	プレースホルダはテキスト入力欄にこのように表示される文章です				
初期表示	なし ⏶				
回答の登録先	個別メモ		✖ 削除		
	✛ 個別メモ　✛ 友だち情報				

⚪ 必須　　⚪ 非表示

こちらが内部の設定です。

　こちらは図のように自由回答欄をイメージしていただくとよいでしょう。内部の設定については基本的に「記述式（テキストボックス）」と同じです。回答された文章をそのまま、顧客管理（詳しくは後述）の「個別メモ」か「友だち情報」に反映させることもできます。

　この辺りは面倒くさがらずに、反映させる設定をしておいた方が、後々マーケティング面において役に立つことが多いです。

「チェックボックス」

申込経由 必須	☐ ネット検索（ブログ）
	☐ 堤の書籍
	☐ 知人紹介
	☐ YouTube
	☐ その他（具体的に書いてくださると嬉しいです＾＾）
	複数選択可です。

こちらがイメージです。

こちらが内部の設定です。

L I N E公式アカウントの問題を解決するLステップ

　チェックボックスは複数選択してほしいものがあるときに使用するとよいです。図はセミナーの申込経由を聞いている項目です。回答された項目を自動で顧客管理に転送されるように、タグ付けや友だち情報欄の設定をすることができます。選択時のアクションで、タグ付けか友だち情報代入か、アクション設定ができます。

135

「ラジオボタン」

個人or法人 必須 　　　　　　○ 個人

　　　　　　　　　　　　　　　○ 法人

こちらがイメージです。

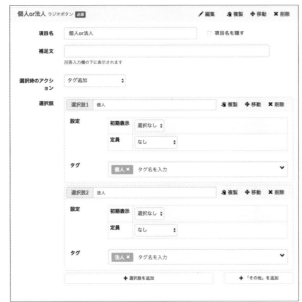

こちらが内部のイメージです。

　チェックボックスと異なり、ラジオボタンは単一回答です。図はセミナー申込者が個人or法人のどちらかを聞き取っています。こちらも顧客管理のタグ付けや友だち情報欄への転送が可能です。

「プルダウン」

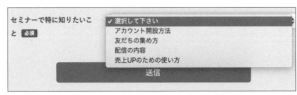

こちらがイメージです。

こちらが内部の設定です。

　プルダウンも単一回答ですが、選択肢の項目が多いときに便利です。こちらも顧客管理のタグ付けや友だち情報欄への転送、アクション設定が可能です。

「ファイル添付」

こちらがイメージです。

こちらが内部の設定で
す。

　ファイル添付を使うと画像やPDFの添付も可能になります。マーケ
リンクでもデザイナーさんやスタッフさん採用の際に書類をこちらか
ら提出していただくことがあります。

「都道府県」

こちらがイメージです。

こちらが内部の設定で
す。

　プルダウンの都道府県選択バージョンです。お住まいの住所（都道

府県）を選択してもらうときに便利です。

　以上、これらの要素をフル活用して、あなたの事業にあった回答フォームを作成しましょう。また、タグ付けや友だち情報も考慮することで、後々セグメント配信にも活かすことができます。マーケティング面においてもしっかり考えることが必要です。

回答フォームのサンキューメッセージを作成する

　通常、何か商品やサービスのお申込みをWEB上で行ったら、購入の確認・お礼にサンキューメールがきますよね。Lステップの回答フォームを使うと、その確認・お礼のメッセージをLINE上に流すことができます。

回答フォーム左下の「オプション」を選択してください。

　図の「オプション」からその設定ができます。厳密にいうと、回答フォーム記入後、次のうちどれか指定した見せ方をすることができます。

①指定したWEB 上のURLへとばす
②送信後の回答フォーム内にメッセージを記入する
③送信後、LINE公式アカウント内にメッセージを返す

ここでオススメなのは③です。

（画面）

オプション　カラー/デザイン設定　自動入力設定

回答期間　　　　　　　☐ 設定する
回答数制限　　　　　　☑ 制限しない
1人が回答できる回数　　　何度でも可能　　　　　　　▼

サンクスページURL
回答後の文章

サンクスページURLを設定しない場合の文章を設定します

回答後アクション　　　　＋ アクション設定

回答復元　　　　　　　☐ 2回目以降の回答時に前回の回答を復元する（初期値は無視されます）
別のフォームの回答や、回答した端末が異なる場合、時間が経過した場合は復元できません

図の「アクション設定」から返信する文章の設定ができます。

　お礼や確認のメッセージを流したければ、「テキスト送信」を選択してください。テキストだけではなく、テンプレートも返信できます。アクション設定の方法に関しては92ページをご覧ください。

サンキューメッセージの応用編

　マーケリンクの場合も、もちろんサンキューメッセージを設定していますが、実は通常のサンキューメッセージよりも少し工夫をしています。

図のように、セミナーのお申込み日時は人によって違います。

140

同じ回答フォームで管理していますが、申込日時によって違うサンキューメッセージが流れるようになっています。

　具体的には、「セミナー参加日程」（プルダウンで作成）ごとに異なるアクション（テキスト）が流れるようにしています。

アクション設定にそれぞれのサンキューメッセージやリマインドメッセージを設定しています。

　これをするためには、大元の選択時のアクションを「その他」にする必要があります。そして各選択肢の選択時のアクションに異なるテキストを設定しているのです。

　私の場合は、「4/17オンライン」などとセミナー参加日程のタグがつく設定、4/17専用のサンキューメッセージ（日時や会場アナウンス）が流れる設定、4/17の2日前にリマインドが自動で流れる設定の3つを行っています。リマインドができる配信については次のページで記述しますが、回答フォームをここまで駆使すると、申込からセミナー前のリマインドメッセージまで全て自動化することも可能です。

Lステップでリマインダ配信を設定してみよう

3

8 リマインダ配信を駆使することで、イベント・セミナー実施のメッセージを自動化することができます。便利な機能ですので、しっかり理解していきましょう。

キャンセル防止に便利なリマインダ配信

リマインダ配信もいくつか使い所のある配信ですが、私の場合、セミナー申込者に対するリマインドとして使っています。マーケリンクで実施するセミナーにLステップの回答フォームから申し込まれた場合、自動でセミナー参加日時の2日前に、当日の詳細や入金したかどうか確認メッセージが流れるようになっています。

Lステップを導入する前は、こうした確認のメッセージをスタッフが手動で行っていましたが、今では全て自動化されています。さらにLINEでこうした申込や確認メッセージのやりとりをするようになったことで、セミナーのキャンセル率もほぼなくなった、という事実もあります（Lステップ導入前はキャンセル率が20%ほどありました）。

それでは具体的なリマインダ配信の設定を見ていきましょう。

まずは図のように左側のメニュー一覧の「リマインダ配信」＞「新しいリマインダ」で作成をします。

リマインダ登録

リマインダ名 [必須] セミナーリマインド|

登録

リマインダ名を記述します。

リマインダ セミナーリマインド [設定]

＋リマインダ開始時に配信を行う

↓

配信タイミング追加

2日前 ▼ 10:00 に送信 登録

次に配信タイミングです。

　こちらはゴールから逆算して何日前の何時にリマインダ配信するかを設定します。ゴール日時は回答フォーム側で設定しますので、ここでは設定しません。

　例えば、私の場合ですと、セミナー当日の2日前、午前10時にいつもリマインドするようにしています。そのため、こちらは「2日前10:00に送信」となり、登録を押します。

リマインダ セミナーリマインド [設定] 一括プレビュー

メッセージの登録されていない配信タイミングがあります。メッセージのない場合は、配信タイミングには何も行われません。

＋リマインダ開始時に配信を行う

↓

⚠ 2日前 10:00 ⚙ タイミング編集   プレビュー 削除

配信されるメッセージがありません。メッセージを追加してください。

新規作成して追加   テンプレートから追加

＋配信タイミング追加

「新規作成して追加」または「テンプレートから追加」を選択します。

　すでにリマインドメッセージが作成してあれば、テンプレートから選択するだけでOKです。

　リマインダ配信が設定できたら、最後に回答フォームに戻ります。

回答フォームのセミナー参加日程にリマインダ配信を設定します。

　例えば、4/17のセミナーに申し込んでくれた人に、今作成したリマインダ配信を設定するとします。

「リマインダ操作」を選択します。

　設定するリマインダ配信を選び、ゴール日時、つまりセミナー当日の日時を入れたらOKです。

　設定し終わったら、最後に回答フォーム自体も保存して更新しておきましょう。

　サンキューメッセージやリマインダ配信は最初こそ煩雑でわかりづらいですが、慣れてきたら設定しておいたほうがかなり便利です。

Lステップで
顧客管理をしてみよう

9 登録者一人ひとりに顧客管理ページが生成され、様々な設定をすることが可能です。独自の設定を行うことで、顧客管理をLステップ上で完成させることができます。

顧客管理ページを確認する

Lステップでは登録者一人ひとりの顧客管理ページが生成されます。

図中の「友だちリスト」から該当の方の名前を選択していただくと、その方の顧客管理ページに遷移します。

　こちらのページでは、様々な設定ができますが、可能になる主な項目を見ていきましょう。

①非表示やブロックができる

Lステップではブロックも簡単にできます。

友だち登録者の中でも、この人からの返信は見たくない、とか配信
も届いてほしくないといったことはあるかと思います。「非表示」にす
ると、相手に配信は届きますが、相手からのメッセージはこちらで見
られなくなります。「ブロック」は文字通り、ブロックで、配信も届き
ませんし、返信メッセージも表示されなくなります。状況に応じてう
まく使い分けるようにしましょう。

②手動でタグ付けができる

チェックを入れると、
タグがつきます。

　ここまでにボタン・カルーセルや回答フォームでタグ付けができる
ことを学びました。それらのタグ付けはこの顧客管理フォームで手動
で設定することもできます。

③手動で友だち情報が記入できる

顧客管理に必要な項目
を追加し、オリジナル
の管理ページを作成で
きます。

図のように友だち情報欄に「法人名」や「メールアドレス」があり
ますが、これらも手動で顧客管理ページから記入することができます。
例えば、いただいた名刺にこうした情報が書いてあれば、手動で友だ
ち情報欄に記入していくと、Lステップ上でデータ管理もできてしまい
ます。データ管理だけでなく、配信に活かしていくこともできるので、
一石二鳥です。

④登録者の行動履歴がわかる

秒単位で行動履歴が把
握できます。

　それぞれの顧客ページの1番下にその顧客がLINE公式アカウント上で
どんなボタンを押したか、などの行動履歴も全て把握できるようにな
っています。
　この履歴を元に、この登録者はこの商品に興味ありなのかな？　と
いったことまでわかるようになります。

⑤各種統計情報がわかる

様々な統計情報がわか
ります。

　こちらは「URLクリック測定」「コンバージョン」「サイト行動履歴」
「流入経路」といった、かなり細かい統計情報を見ることができます。

上級プランになりますので、全員が見られるというわけではありませんが、活用すると、さらに売上UPにもつながりますね。それぞれの分析項目については第4章で詳しく解説します。

一括で情報を変更・追加・削除したいときは？

　ある程度の人数、指定された条件の人だけに一括でタグをつけたい！などと思ったときには、何かよい方法はないのでしょうか。その場合、まずは友だちリストを選択してください。右上の「詳細検索」で抽出したい条件を設定します。条件を抽出すると該当する友だちの一覧が出てきます。

詳細検索で絞り込みましょう。

条件を変更したい友だち全てにチェックを入れて、1番下の友だち一括操作をご覧ください。

　例えば、友だち一括操作で一括タグ付けしたい際には、「タグ」でその設定をすればOKです。
　よくあるケースとしては「あるタグがついている人だけにリッチメニューを変える」というようなケースです。リッチメニュー変更は上級プランのみ設定が可能ですが、便利なので上級プランの方はぜひ活用してみてください。

148

3

10 あなたのアカウントの顔ともなるリッチメニュー。何を掲載し、どのようなコンテンツを設定するかが大切になります。

Lステップでリッチメニューを設定しよう

リッチメニューには何を掲載したらよいのか

リッチメニューの話をすると、必ずと言っていいほど問題になるのが、どんな項目を載せたらいいかです。こちらではまず大枠の話をします。

こちらはマーケリンクのリッチメニューです。

リッチメニューに載せるべき項目を大きく2つに分けるとすると、1つはそのアカウントのキャラがわかるメニュー。もう1つは売りたい商品のことがわかるメニューです。

例えば、この書籍を執筆している現在で、マーケリンクのリッチメニューは図のようになっています。

ここでいうと左上の「自己紹介」と右下の「YouTube」に関しては私のキャラがわかる項目となっています。自己紹介なんかはまさにそう

ですし、YouTubeは私自身が動いている様子が視聴されるので、私のキャラがわかってもらえます。

逆に言うとそれ以外の項目は売りたい商品のこと、もしくはそれを補完する項目です。マーケリンクの商品に関しては、右上でわかるようになっています。セミナーやお客様の声、そしてこのLINEを友だちに教えるボタンは全て、この商品を購入してもらうことにつながる補完的な役割を果たすボタンです。

全てが売り込み系のボタンだと、若干引いてしまいます。一方で、全てがキャラ的なボタンだと、これまた売上につながりません。キャラがわかりつつも、しっかり商品の宣伝もしているバランスが大切です。後ほどLステップをうまく活用している方が、どんなリッチメニューを組んでいるのか、複数例紹介したいと思います。

リッチメニュー設置方法を知る

それではここからLステップ内におけるリッチメニューの設定方法をお伝えしていきます。ここまで何度かお知らせしている通り、このリッチメニューに関しては、Lステップが上級プラン（スタンダートプラン以上）である必要があります。Lステップがスタートプランである方は、Lステップ内にリッチメニューの表示が出ませんので、ご注意ください。ただし、スタートプランであっても、前述したようにLINE公式アカウント側からリッチメニューを出すことはできます。詳しくは128ページをご覧ください。それではリッチメニューの設置に移ります。

図の位置から「リッチメニュー」＞「新しいメニュー」を選択してください。

リッチメニュー登録

画像　メニュー画像選択

次の画面で「メニュー画像選択」をクリックします。

　ここから「2500px×1686px」でサイズが1MB以下の画像をアップロードします。この意味でリッチメニューの画像はすでに作成しておく必要があります。

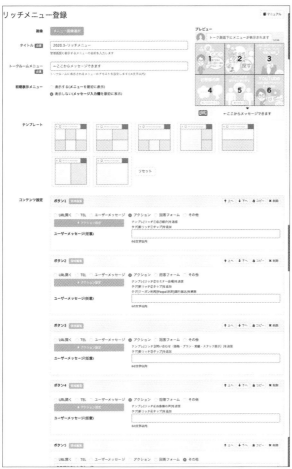

各項目を記入していきましょう。

タイトルは管理用のものなので、あなた自身がわかれば何でも問題ありません。トークルームメニューとはリッチメニューの下部につくメッセージのことです。14文字まで入力できます。私の場合、左下のキーボードマークを指して、「←ここからメッセージできます」と記入しています。

　初期表示メニューについては、これを表示する、に設定しておくと、最初からメニューが開いた状態になっています。表示しないですと、メニューが閉じた状態になっています。

　テンプレートは図のものから自由に選べます。一般的には6分割のものです。ただし、マーケティング的に何か戦略があればその他の分割のものでもアリです。私もこのキャンペーンはどうしても見てほしい！というときにはあえて1画像のものをリッチメニューにしていることもあります。

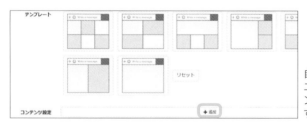

自由度の高いリッチメニューを作るならばコンテンツ設定で可能です。

コンテンツ設定を利用したリッチメニューの例です。6個以上、複数ボタンを出すことができます。

自分オリジナルのリッチメニュー設定をしたい場合は、コンテンツ設定を選択してください。こちらでは自分の好きな領域を好きなボタンにすることが可能です。自由度の高いリッチメニュー作成ができますね。

コンテンツ設定でチャットボット

　それではコンテンツ設定です。

リッチメニューも、もちろんアクション設定が可能です。

　リッチメニューのボタンは、

①URLにとばせる
②電話がかけられる
③ユーザーメッセージ（テキスト）が出せる
④アクション（テンプレート返信など）が設定できる
⑤回答フォームが出せる
⑥その他（QRコード起動・タイムラインへとばす）

が主に可能です。この中でもよく使うのが①・④・⑤で、その中でも④のテンプレートが返るように設定すると、チャットボットのようになります。あらかじめ作っておいたテンプレートを設定するようにしましょう。

発展的なリッチメニュー使用法

　Lステップの契約が2,980円のスタートプランでもチャットボット構築は可能です。しかしながらここからお話しすることは上級プラン（スタンダードプラン以上）の話になります。

　Lステップでリッチメニューが設置できると実に様々な戦略を組むことができます。ここでは数例紹介いたします。

①在籍生向けのリッチメニューと新規生向けのリッチメニュー（学習塾を例に）

　Lステップでリッチメニューが出せる1番のメリットは、このタグがついている人にはこのリッチメニューを出す、という設定ができることです（＊設定方法は148ページで紹介した「友だちリスト」から一括操作で可能です）。

　例えば、学習塾であれば、在籍生向けには、テスト対策情報など生徒向けのメニューが構築できます。売上UP的な要素で言うと、友だち紹介キャンペーンといったメニューも考えられますね。

　一方、新規生（見込み顧客）向けであれば、入会キャンペーンや塾について、申込回答フォームなどを出すでしょう。

　在籍生に向けた配信も新規生獲得に向けた配信もリッチメニューやセグメント配信を活用することで、1つのアカウントで管理できるのは非常に大きなメリットです。

②キャンペーンで売上UPのリッチメニュー

　これはどの業界でも応用ができると思います。ある日、「Aという商品について」配信したとします。当然、この配信に興味をもってクリックした人もいれば、興味はなくそのままスルーする人もいるでしょう。

　この配信がクリックされたときに「Aという商品に興味あり」という

タグをつけ、そのタグがついている人にだけ専用のリッチメニューを出すこともできるのです。

　押された瞬間、リッチメニューを変える設定もできますが、それだとあからさまです。タグがついてから、数時間後や1日後にリッチメニューを変える、ということもできます。

あえて6分割しないリッチメニューに変更することもアリです。

　そのリッチメニューは分割されたものではなく、その商品の詳細と申込方法だけがわかるシンプルなリッチメニューにして、申込を促進するという施策をうつこともできますね。

　今はわかりやすいようにシンプルな例で説明しましたが、マーケティング戦略によっては、さらに工夫することもできそうです。

　私自身、実際に何種類かのリッチメニューを用意しています。実は人によって出すリッチメニューを少々変えています。もしマーケリンクのLINE公式アカウントを登録していて、お隣の友だちと比べられそうだったら、比べてみてください。もしかしたら双方に出ているリッチメニューが違うこともあるかもしれません。

3

Lステップでステップ配信・シナリオ配信を設定してみよう

11 Lステップ独自の機能となるステップ配信とシナリオ配信。
便利な一面、工夫をしないと逆効果な配信になることがあ
るので、しっかり構築していくことが大切です。

ステップ配信・シナリオ配信とは？

Lステップの操作編も残りわずかとなってきました。大きな項目でラストになるのが、このステップ配信とシナリオ配信です。

Lステップの名がついている通り、その特徴として、ステップメールのように、友だち登録時から決まったものを順に送ることができます。これを本書ではステップ配信と呼びます。ステップ配信とシナリオ配信は同じ意味で使われることもありますが、本書では区別をします。

それではシナリオ配信はどのような意味でしょうか。こちらは少しイメージがつきにくいかもしれませんね。

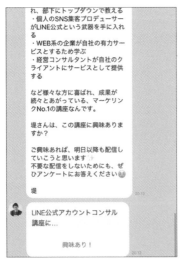

「興味ありますか？」配信
で分岐をさせることができ
ます。

例えば、「Aという商品に興味ありますか？」という配信をしたと仮定しましょう。

図のように「興味あり！」ボタンを押してくれた人だけにあらかじめ用意した次の配信をする、このように、ある配信に対して、さらに分岐したシナリオを連続で配信することを本書ではシナリオ配信と定義します。次の配信ではさらにAという商品の詳細がわかったり、申込ができたりするような配信になります。

一方、「興味なし」のボタンを押したり、何も押さなかった人には別のシナリオが流れたり、むしろ何も配信を流さないということができます。

このボタンを押すと、このシナリオが流れるようにする、というのがシナリオ配信です。

ステップ配信の作成方法

それではここから私のオススメの方法で簡単なステップ配信を作ってみましょう。今回は友だち登録してから連続で3日間、ステップ配信が流れるものを作成します。

まずはパックで3日分の配信を1日目、2日目、3日目とそれぞれ作成してください。（パックについてはすでに先述していますので、作成方法がわからない方は119ページをご覧ください。）

それぞれの日に送る分をパックにして作成しておきます。

3日分のパックが作成
できたら、次に図の
「シナリオ配信」＞「新
規登録」を選択してく
ださい。

シナリオの基本設定で
す。

　それではステップ配信の基本事項を設定していきます。「シナリオ
名」は一般公開されるわけではないので、あなた自身がわかれば何で
も大丈夫です。配信状態はそのまま配信中でOKです。そして配信タイ
ミングは必ず「時刻で指定」を選んでください。「経過時間で指定」を
選んでしまうと、友だち登録から●時間後にメッセージを送る、とい
う設定しかできなくなります。

　例えば、たまたま友だち追加したのが夜中の午前1時だったとします。
経過時間で指定にしており、友だち登録から24時間後に次のメッセー
ジが送られるようにすると、次の日の夜中の午前1時にメッセージが送
られることになってしまいます。これでは夜中に配信がされた、と苦
情ものになってしまいます。

作成したテンプレート
をあてはめていきます。

　次にすでに作成してある3日間分のパックをシナリオにあてはめてい
きます。「テンプレートから追加」を選択してください。

選択して「シナリオへ
追加」を押してくださ
い。

　最初に友だち追加されるときに流す1日目のメッセージを選択しまし
ょう。すると、配信タイミングが「時刻指定」か「購読開始直後」で
選べるようになっています。

最初のメッセージは友
だち追加直後に流した
方がよいでしょう。

　こちらは「購読開始直後」＞「1通目」とするとよいかと思います。
ここまでできたら1番下までスクロールして「シナリオ登録」を押して
ください。
　あとは同様に行うだけです。2日目のステップ配信を設定したいとき

も最初は「テンプレートから追加」を選んでください。

2日目の配信なので今回は時刻指定で、「1日後の20時」などと設定すればOKです。

ここまで終わったらシナリオ登録です。

3日目の配信の場合も同様で時刻指定を「2日後の20時」としましょう。

　最後にシナリオ登録すれば、図のような3日分のステップ配信が完成しました。

3日分のステップ配信が完成です。

何の工夫もないただのステップ配信は逆効果

　ここまではわかりやすくするためにあえて連続した3日間のステップ配信で説明をしました。しかし、少し考えてみてください。

　皆さんは3日間連続でLINE公式アカウントから配信が送られてきたら、どう思いますか。私なら3日間も連続で送られてきたらすぐにブロックしてしまいます（笑）。

　つまり、ステップ配信を3日間連続で送るだけで、その内容自体がつ

まらないものであれば、単にブロック率が上がってしまうだけなのです。

　だからこそ、色々なステップ配信の仕方を考え、自社にとってどんな方法が1番いいかをしっかり考える必要があります。そのヒントとなればと思い、少し工夫したステップ配信の仕方を2つ提示したいと思います。

①数日おきにステップ配信する

　前述したものは3日間連続のステップ配信でした。しかし、その場合、同時にブロック率が上がってしまう危険性をはらんでいます。

　そこで3日間連続ではなく、例えば、3日おきに配信するという方法ではどうでしょうか。少し間をおいて、3日おきに配信することで、適度に訴求しながら、配信頻度も少し抑えられます。

　これを応用して、初日→2日後→5日後→10日後のように配信ごとに間隔を変えるという手法もあります。

②興味がある人にだけ配信するべくシナリオ配信を使う

　毎日の連続配信をするとブロック率が上がる危険性はあります。しかしその一方で、何と言っても興味のある人に刺さる配信ができれば、最短で商品の購入に繋がる可能性を大きく秘めています。

　そこで応用的に使えるのがシナリオ配信です。これを駆使することで、ブロック率が上がることも防ぎ、なおかつ成約率を向上させることも可能です。

　例えば、ステップ配信でAという商品を購入してもらうことが目的だったとしましょう。初日の次の2日目の配信で、「あなたはAという商品に興味がありますか？」と配信します。

　このとき、「興味あり！」とボタンを押してくれた人だけに次のシナリオ配信が流れるように設定します。ボタンを押さなかった人はここでステップ配信が停止される仕組みです。

選択肢の挙動と一番下の「操作」を設定しましょう。

　このとき、選択肢を押されたときの挙動としては、「シナリオを移動・停止」にしておきます。そして「操作」ではあらかじめ作っておいた別シナリオを最初から流れるように設定すればOKです。

　これを使うことで、成約率UPとブロック率の低下の両方を実現することも可能になるでしょう。

　このステップ配信は非常に奥が深いです。また、先述したリッチメニューとも大きく戦略的に関わる重要な部分です。

Lステップで友だち
追加時設定をしてみよう

12　ステップ配信やリッチメニューを作成していても、この友だち追加時設定がなされていないと配信されたり表示されたりしません。しっかり設定しておきましょう。

友だち追加時設定の注意点

第3章最後の項目になりました。実は設定したステップ配信は、この「友だち追加時設定」で設定しておかないと流れませんので、注意しましょう。

「友だち追加時設定」を選択してください。

「友だち追加時設定」でそれぞれ新規友だち向けの設定と、Lステップを導入する前から登録してくれていた友だちがLステップに認識されたときの設定を行うことができます。

■新規友だち向けの設定

図中の「シナリオ」では、作成したシナリオを設定するようにしましょう。また、Lステップがスタンダードプラン以上で契約されている方の場合、リッチメニューについてもここで設定しておかないと表示されません。「その他のアクションを設定する」＞「メニュー操作」で該当のリッチメニューを選択しましょう。

LINE公式アカウントの問題を解決するLステップ

163

■システム導入前からの友だち・アカウントへのブロックを解除した友だち向けに設定

こちらは昔からの友だちがLステップに初めて認識されたとき、あいさつメッセージはどのようにするか設定できます。

認識の条件としては例えば、登録者から何らかのメッセージをするということがあります。メッセージをした瞬間、いきなり設定したあいさつメッセージが流れてきても変ですね。

ですから場合によりけりですが、こちらのシナリオ設定は「購読しない」としておくのもアリです。ただしこちらも、「その他のアクションを設定する」＞「メニュー操作」で該当のリッチメニューを選択することを忘れないようにしましょう。

Lステップではシナリオやリッチメニューを作成しても、「友だち追加時設定」で設定をしなければ、配信されたり、表示されたりしません。

せっかく友だち追加されていても、ここを忘れていると、大きな機会損失になってしまいますから、注意するようにしましょう。

さて、第3章ではLステップの操作とマーケティングをしっかり学びました。ただ本を読んでも、実際に手を動かしてみて初めてわかることがたくさんあります。

一つひとつの項目をしっかり構築して、他社と差別化したLINE公式アカウントを構築しましょう。

第 4 講

ワンランク上の
分析を活用

4

分析を丁寧に行うこと こそが売上UPの最大の近道

LINE公式アカウントの運営者で行っている方の少ない「分析」。分析をマスターすることで素晴らしいアカウント運営が実現します。

分析していますか？

皆さんはLINE公式アカウントを運営している上で、分析画面をどのくらい見ますか。私の肌感覚でいうと、LINE公式アカウントの運営者が100名いたら、しっかり分析しているのって1人や2人くらいなのでは？　と感じています。

一方で、しっかり分析した方がさらに売上UPが見込めたり、改善できたりしそうなことは容易に想像がつきます。

要は、誰もが大切だと思っているけれど、必須ではないため、なかなか手が付けられない、それが分析なのでしょう。

その意味で、トップ1%しか実施していない分析をしっかりマスターすれば、さらに素晴らしいLINE公式アカウント運用ができます。

全てをマスターするのは大変ですから、私が過去、分析した経験をもとにここだけおさえておけばOK！　という部分を見ていきましょう。

本書ではLINE公式アカウントで可能な分析と、Lステップを導入したことにより可能になる分析を分けて紹介していきます。

分析の最大のポイントは「仮説」を立てること

分析をする上で大切になるのは「仮説」であり、その仮説をもとに配信及び分析を行うことで結論が明確になります。実例とともに見ていきましょう。

配信・分析をする前に「仮説」を立てる

配信・分析をする前に最も大切なことを1つお伝えします。それは「仮説」を立てることです。仮説を立てておかないと様々な問題が生じます。

例えば、分析にかかる時間です。LINE公式アカウントにも実に様々な分析項目があります。私の前著『LINE公式アカウントマスター養成講座』(つた書房) では、広く浅く全て紹介しました。しかし、実際にはそこまで全ての項目を見ている時間はありませんし、その必要もありません。

仮説を立てて取り組まないと、全ての分析項目を総洗いする必要があり、効率が悪いのです。

一方で、次のように仮説を立てると、見るべき項目が選定され、効率的に分析できます。

仮説：季節と絡めた配信（例えばお正月に福袋配信など）をすると、売上は上がる

この仮説を立て、配信した場合、LINE公式アカウントの分析画面で見るべき項目は1つ。それは配信分析のみです（あとは実際に売上がいつ上がっているのか、自分の手元にあるデータと照合するとよいです）。仮説を立てずに分析すると、どこに注力して分析したらいいかわかり

ワンランク上の分析を活用

167

ません。まずは配信・分析する前に仮説を立てることから始めましょう。

　そして仮説を立てることで、結論（配信した結果がよかったのか、悪かったのか）が明確になります。

　上記の仮説を立て、売上が150％になったのであれば、今後も季節を絡めた配信をすればいいし、逆に変わらない・下がったのであれば、やめればいい。

　仮説を立てると、

①分析にかかる時間が短縮される
②結論が明確になる

メリットがあります。あなたの仮説は何ですか。ぜひ仮説を立てることを覚えておきましょう。

仮説を立てたのちに配信・分析をする

　それではいよいよ具体的にLINE公式アカウントの分析をします。今回はマーケリンクで実際に配信を行った2019年12月の例を参考に見てみましょう。

　この12月の配信をする前に私が実際に立てた仮説は、以下の通りです。

　仮説①：季節と絡めた配信（例えばお正月に福袋配信など）をすると、売上は上がる
　仮説②：1回で配信して訴求ではなく、何度かお知らせしてワクワクさせた状態でサービス解禁したら売上は上がる

　この2つの仮説が正しかったかどうかを分析で検証していきます。

「分析」>「メッセージ配信」を選択しましょう。

　この仮説が正しかったかどうかは、メッセージ配信で分析できます。図の部分から2019年12月に配信したメッセージの分析をしましょう。

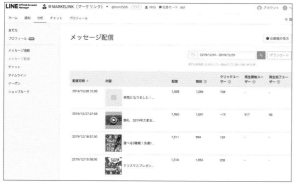

2019年12月の配信です。

　私は自社アカウントの分析をするとき、図の部分を見て、次のように文書ファイルにまとめています。

　ここからは少し枝葉の話も含まれています。分析をするときにこの項目は記述しておいたほうがいい、というものを解説していきます。

1回目配信：12/15（日）8:00

形式：テキスト＋リッチメッセージ（リサーチ）

内容：堤サンタからクリスマスプレゼント付き！　ミンナのLINE公式アカウント大調査！

狙い：リサーチを使い、2020年に参加したいLINE公式アカウントセミナーを調査。お礼のセミナー割引クーポンがもらえることを明示し、セミナーに足を運んでもらう。

【配信数：1,510、開封数・率：1,053/69.7%、クリック数・率：208/13.8%、リサーチ回答数・率：120/7.9%】

2回目配信：12/18（水）7:30

形式：リッチメッセージ

内容：12/28販売開始予定のマーケリンク福袋の告知

狙い：12/28販売開始の福袋を事前告知しておくことで、当日の販売を促進。当日にいきなり告知するのではなく、ワクワクさせることによって購買意欲を高める。

【配信数：1,511、開封数・率：994/65.8%、クリック数・率：159/10.5%】

3回目配信：12/27（金）7:05

形式：テキスト＋リッチビデオメッセージ

内容：2019年のお礼と翌日販売の福袋購入促進

狙い：久しぶりの堤が話す動画でキャラ配信を兼ねながらも、翌日に迫った福袋販売のリマインドの役割も果たす。

【配信数：1,560、開封数・率：1,041/65.8%、クリック数・率：～19/-】
再生開始：917、25%再生：160、50%再生：121 、75% 再生：108、再生完了：90

4回目配信：12/28（金）10:00

形式：**テキスト＋カードタイプメッセージ＋テキスト**

内容：**プレミアム福袋（11万円）、デザイン福袋（4.4万円）、LINE公式福袋（5,500円）の販売**

狙い：**季節ネタをフックにした売上UP。福袋という形でお得感を訴求しながらも、販売したい商品の購入促進をした。**

【配信数：1,558、開封数・率：1,086/69.7%、クリック数率：108/6.9%】

　こちらの4配信が2019年12月内に行った配信です。通常は1週間おきに4配信することが多いのですが、この月は戦略的に少しイレギュラーになっています。それではここから配信分析をする際のポイントをまとめていきます。

①いつ配信したかを記述する

　1行目は配信した日の日時を記しています。配信内容もそうなのですが、配信する曜日や時間帯によって、開封率・クリック率は変わるからです。

②形式を記述する

　形式とは、どんなパターンのメッセージで送ったかのことです。こちらもテキストなのか、リッチメッセージなのかでかなり開封率・クリック率・売上が変わってきます。

③内容を記述する

　その配信がどんな内容であったかを記します。

④狙いを記述する

　配信には必ず意図があり、その目的を明確に書いておきます。それ

ぞれの配信狙いに対して、それが達成できたかも分析・振り返りをする際に大切です。こちらに関しては当月の考察ということで、この後まとめます。

⑤配信数・開封数（開封率）・クリック数（クリック率）を記述する
　1番大切なのは、実際に売上があがったか、目標は達成できたかですが、重要な指標として、開封率やクリック率も記述しておきましょう。カードタイプメッセージのときは、カードごとのクリック率、リサーチのときは、回答率も記述しておくとよいでしょう。

開封率・クリック率の分析考察

　開封率やクリック率に関して、一般的には次のようなことが言えます。

> 開封率がよい＝プッシュ通知やトークリストに記述された内容が面白そう、自分に関係がありそう、配信する曜日・時間帯が見られるときだった
>
> クリック率がよい＝配信内容が見やすい・わかりやすい、配信内容に興味が持てるものだった、配信する曜日・時間帯が見られるときだった

　何度か配信していると、自社の開封率・クリック率の平均が見えてくると思います。それと比較して、今回の配信がよかったか、悪かったか、次はどの部分をテコ入れすればよいのか、明確になります。一般的には次のようにまとめることができるでしょう。

	開封率	クリック率	考察
①	高	高	開封率・クリック率共に高いので、素晴らしい配信。次回の配信も、これを基準に作成するとよい。
②	高	低	開封率が高いので、見てくれている母数は多い。しかし、クリック率が奮っていないため、配信の見やすさ、特に内容が訴求しなかったことが考えられる。
③	低	高	クリック率がよいので、開封率をあげる努力をすれば、さらに売上を上げられる可能性を秘めている。プッシュ通知を工夫する必要あり。
④	低	低	開封率・クリック率共に低いので、要改善の配信である。

　自社の開封率やクリック率の平均がわからない場合は、過去にさかのぼって確認することができますので、今一度調べてみましょう。

　これから配信をしていくよ！　という方はまずは、開封率60%以上、クリック率6%以上を目指し、これらの数字と比較してください。

　マーケリンクの場合でいくと、開封率は63%、クリック率は8%以上あればOKというのが基準です。これをもとに比較するようなイメージです。今一度、皆さんも自社の基準を調べてみましょう。

仮説に対応した配信の分析総評をする

　少し枝葉の話もありましたが、最後に仮説に対応した結論を記します。月内の配信について、売上は上がったのか、目的は達成できたのかをまとめる総評というイメージです。マーケリンク12月の分析総評

は以下のようになります。

■配信総評

仮説①：季節と絡めた配信（例えばお正月に福袋配信など）をすると、売上は上がる

考察：1回目のクリスマス配信・2回目のお正月福袋配信共に、開封率・クリック率は平均を大きく上回った。お正月福袋配信に関しては、商品の販売配信で、売上に直結するもの。こちらに関しては、それまでの配信平均売上に対して10倍の売上を達成した。今回、スーパーマーケットや小売店が季節と絡めて商品販売をしていることをヒントに実施。結果的には、仮説通りの検証結果になったということがわかった。

結論：**仮説通り。季節と絡めた配信（キャッチーなので）で開封・クリック・売上が全て上がる**

仮説②：1回で配信して訴求ではなく、何度かお知らせしてワクワクさせた状態でサービス解禁したら売上は上がる

考察：実のところ、福袋配信で10倍の売上が上がったことは、仮説①よりも仮説②が要因であると考える。従来までのマーケリンクの配信では、単発でポンと配信して、その場で売上が上がるというもの。
しかし、この福袋配信は、前述のように12/17に初回告知（12/28に申込可能アナウンス）、12/27に動画で前日告知、12/28に申込解禁告知と3段階で配信をした。
この結果、段階的な配信をすることで、ワクワクしてもらうことを心がけ、最終的な12/28 10:00には配信した途端、申込が殺到した。

結論：**仮説通り。段階を踏んだ配信をすると、売上が上がる可能性も高くなる**

このように、仮説を立て、分析すると、結論が明確に出ることがおわかりいただけたかと思います。皆さんも仮説→配信・分析→結論のSTEPを踏むことで、よりLINE公式アカウントを効果的に活用することができるようになります。ぜひ当月から実施してみてください。

メッセージ配信以外によく使う分析指標

　メッセージ配信の分析ができればそれで8割の問題は解決できます。あわせて、よく使う分析指標をここでは確認していきましょう。

友だち数を分析する

友だち数の推移は、図の「友だち」で確認できます。

　友だち数に関しては、1日単位でどのくらい増えているのか、ブロック数がどのくらいか、確認ができます。
　こちらを確認すると、1ヶ月後、数ヶ月後の友だち数が予想できます。友だち追加で実施した施策が功を奏しているのかも確認ができます。私が配信代行サポートしている婚姻届製作所というECサイト（＊詳細は第6章で紹介しています）は、仮説を立て、施策を行った結果、1ヶ月の友だち増数が8.8倍になりました。

> 仮説：ECサイトのPV数が多い割に、LINE公式アカウントの友だち
> 登録率が悪い（1ヶ月で110人）ため、ECサイトからの友だち登録
> 率を向上させる施策を打つと、登録数は増える。
>
> 施策：ECサイトを初めて訪問した人に登録特典を明示したPOPバ
> ナーを出すようにした。
>
> 結果：110人/月（2019年9月）→968人/月（2020年1月）となり、友
> だち増数が8.8倍になった。
>
> 結論：サイトPV数にはよるが、サイトにPOPバナーを出すと、登
> 録率が上がり、登録数が増える。

　実際はここまでシンプルではないですが、簡潔にまとめるとこのよ
うになります。

タイムラインを分析する

タイムラインの分析も
よく使います。

　タイムラインに関しては、もちろんタイムラインがどれだけ見られ
ているのか分析することもできます。ここではより発展的な分析の仕
方を紹介します。
　私が配信代行サポートをしている徳之島（鹿児島県の離島）にある
スーパーマーケット、フレッシュマートとくやまさん（＊詳細は第6章
で紹介しています）のタイムラインです。

こちらがフレッシュマートとくやまのLINE公式アカウントです。

　フレッシュマートとくやまでは、店長の徳山さんが、動画を撮影し、オススメの一品を紹介する配信が好評でした。

　そこでその動画を友だち以外にも届き、拡散機能のあるタイムラインに載せたら、多くの人に広まるのではないか、と考え、次のような仮説を立て、結論を得ました。

タイムラインは「いいね」が押されると、図のように「いいね」を押した人のLINEタイムラインに「●●さんがこの投稿に「いいね」しています」と出ます。

仮説：動画人気が高く、タイムラインに載せたら、多くの人がいいねを押してくれる→登録している友だち以外にも拡散され、見てくれる

施策：タイムラインに動画を載せ、「いいね」を押してもらえるようにアナウンス

結果：1投稿で100近くの「いいね」がつき、10,000回以上、動画が見られた

結論：人気のある動画配信をタイムラインに載せて拡散させると、より多くの人にリーチする

　そして私たちはこれで終わりではなく、次の配信で、次の仮説を立てました。

> 仮説：多くの友だち外に拡散されるということは、そのタイムラインに友だち追加用のURLを貼っておいたら、友だちが追加される可能性がある
>
> 施策：動画タイムライン投稿に友だち追加URLを載せる
>
> 結果：117いいねついた投稿には、55回URLがクリックされ、25人の友だち追加があった
>
> 結論：拡散されるタイムラインに友だち追加URLを貼っておくと、友だちが増える

| 2020/04/02 11:24 | ↑タップすると音声が出ます↑【熟成プレミアムとんかつ🐷】 | 57,981 | 598 | 114 | 29 |

直近の配信ではタイムラインを見られた数がなんと約60,000回。

　このように見事、仮説と結果がマッチしました。さらに、図のタイムラインにあるように、毎回動画が大人気で。直近のものは約60,000回見られ、友だち追加のURLクリックも約600回です。ちなみにフレッシュマートとくやまのこの時点での友だち数は800名を超えた程度でした。それでいて、60,000回のインプレッションはかなりの数であり、宣伝効果が絶大です。

　ここまでメッセージ配信・友だち・タイムラインの分析を見てきました。他にも様々な分析例がありますので、また触ってみていただくとよいかと思います。

　総じてお伝えしたかったこととしては、「分析を隅々まで網羅して時間をかけて分析をする」のではなく、「仮説を立てて、その仮説が正しい（もしくは正しくない）ことを立証するために分析を上手に使う」という考え方が正しいです。

　私はいつもA4 5〜6枚程度の分析シートを代行している企業に提出しています。クオリティーが高く、評価されることが大変多いのですが、

179

私はこれを3〜4時間で作成しています（私の分析レポートは、どのくらい時間かけて作ったものだと思いますか？　と複数人にインタビューしたところ、3日〜1週間という答えが集中しました）。

　一定のクオリティーを短時間で実現するためには、この「仮説→配信・分析→結論・結果」を明確にすることが大切です。言い換えると、「仮説準備が8割」と言うこともできますね。

Lステップでワンランク 上の分析を実現

3 Lステップでは LINE 公式アカウントでの分析以上のものができます。「仮説」をしっかり立て、自分に合った分析を考え利用していくことが大切です。

Lステップで可能な分析

　ここからは変わりまして、Lステップを導入することで可能な分析を解説します。LINE公式アカウントだけでも、十分すぎるくらいの分析はできます。ところが、Lステップを組み込むと、120点の分析が可能になります。知りたいことは基本的に何でも知れるイメージです。

　そして、Lステップで可能な分析は、プランによって、できる・できないがはっきりしています。そのあたりを明確にしてお伝えします。（　　）の中が分析可能なプランを表します。

　これ以降で解説する、Lステップ独自の分析機能は、

①人気の項目がわかるリッチメニュー＆自動応答分析（全プラン）
②ボタン・カルーセルのタップ数分析（全プラン）
③URLクリック測定（スタンダードプラン以上）
④コンバージョン（スタンダードプラン以上）
⑤サイトスクリプト（スタンダードプラン以上）
⑥流入経路分析（プロプラン以上）
⑦クロス分析（プロプラン以上）

です。ではまずはどのプランでも活用できる分析を見ていきましょう。

ワンランク上の分析を活用

4

人気の項目がわかるリッチメニュー＆自動応答分析

4 リッチメニューと自動応答を組み合わせることにより可能になる分析の紹介です。人気の項目を把握し、人気のない項目を刷新する際に有用な分析です。

リッチメニューの分析

　こちらはこういった分析の項目があるわけではありませんが、私が独自で編み出した分析です。具体的には、リッチメニューのどの部分が人気があってよく見られているの？という問いに対して、回答できる分析です。

　リッチメニューの項目自体は、それほど頻繁に変えるものではありません。しかし、一方で定期的にリフレッシュすることも大切です。あまり押されていないボタンに関しては、マイナーチェンジ、時には項目自体も変えてしまうのもアリです。

　それでは、実際に分析する方法を見てみましょう。ここではLステップがスタートプラン（2,980円）で契約されていることを想定しています。

今回はこちらのリッチメニューを事例にお話しします。

自動応答名	アクション	操作	ヒット数	フォルダ
リッチ①初めての方へ すべての曜日（すべての時間）	テンプレ[リッチ①初めての方へ]を送信	編集 ▼	68 表示 （累計68）	未分類 2020.1.19登録
リッチ②キャンペーン一覧 すべての曜日（すべての時間）	テンプレ[リッチ②キャンペーン一覧]を送信	編集 ▼	28 表示 （累計28）	未分類 2020.1.19登録
リッチ③便利フレーズ すべての曜日（すべての時間）	テンプレ[リッチ③便利フレーズ10]を送信	編集 ▼	58 表示 （累計58）	未分類 2020.1.19登録
リッチ④1分でAIが英会話力診断！ すべての曜日（すべての時間）	テンプレ[リッチ④英会話力AI診断]を送信	編集 ▼	48 表示 （累計48）	未分類 2020.1.19登録
リッチ⑤相談はこちら すべての曜日（すべての時間）	テンプレ[リッチ⑤相談]を送信	編集 ▼	34 表示 （累計34）	未分類 2020.1.19登録

自動応答のヒット数に注目です。

リッチメニュー（チャットボット）を作成すると、「自動応答」が図のようになっているかと思います。この自動応答の「ヒット数」＝「リッチメニューが押された回数」と考えてください。1人が2回タップしたら、ヒット数は2になります。純粋に何回タップされたかが数字として出てきます。

こちらの英会話スクールの自動応答ヒット数をご覧ください。実際のリッチメニューはこのようになっています。

ヒット数を順に確認していくと、「初めての方へ」のヒット数が最も多く、68となっています。便利フレーズや1分でAIが英会話力を診断も人気がありますね。こうした有益・面白系のコンテンツが効果的であることもわかります。

オススメの管理方法としては、リッチメニューの左上から順に①→②→③…⑥と番号を振って管理するとよいです。私も「リッチ①はじめての方へ」などとわかりやすくしています。

特別な操作は必要なく、リッチメニューと自動応答を組み合わせると、自動でできる分析です。ぜひこまめに確認して、人気のあるリッチメニューボタンとそうでないものを分別しましょう。

183

ボタン・カルーセルの
タップ数分析（全プラン）

5 この分析では配信に対してどのくらいの人がタップしてくれたか、そしてどの選択肢を選択したかの二つを見ることができます。

ボタン・カルーセルの分析

次の分析もスタートプラン含む、Lステップのどのプランでも可能です。

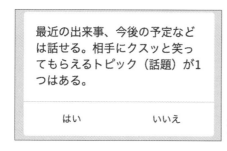

最近の出来事、今後の予定などは話せる。相手にクスッと笑ってもらえるトピック（話題）が1つはある。

はい　　　　いいえ

ボタン・カルーセルのタップ数も分析できます。

図をご覧ください。こちらは先ほどの英会話スクールの「あなたの英会話力を1分でAIが診断」をタップすると、出るボタンです。

このように「ボタン・カルーセル（質問）」が出ますが、どちらの回答がどれだけ押されたかを分析することができるのです。

テンプレートで作った「ボタン・カルーセル」のプレビューを選択してください。

プレビューすると、詳細な
データがわかります。

　例えば、図の例でいうと、送信数87というのは、どれだけボタンがタップされてこの「ボタン・カルーセル（質問）」が送信されたかを表しています。

　そのうち、回答率が85%です。ボタンをタップして表示はしたけれど、実際にはどちらの回答も押さなかった人が15%いるわけですね。この85%のうち、はいと回答した人が47%（35クリック）、いいえと回答した人が52%（39クリック）となります。

　表示に対して、どれだけタップ（回答）してくれたかと、どの選択肢を押したか、という2つの項目が分析できますね。

　ちなみにマーケリンクの場合は、「ボタン・カルーセル」で私たちの会社が扱っている商品を列挙し、どの商品に興味があるのか（＝どの選択肢が1番押されているのか）を確認するためなどに用いています。

クリック率や
誰がクリックしたかを分析

6 この分析は、配信したURLがどのくらいクリックされたの
かを知るときに役立ちます。一斉送信だけではなく個別に
送ったURLの分析も可能です。

URLクリック測定を活用しよう

さて、ここからはスタンダードプラン以上で使える部分になります。
今はスタートプランだったとしても、今後アップグレードする場合も
十分考えられます。どんなことが分析できるのかを把握しておきまし
ょう。

URLクリック測定はその名の通り、配信のクリック率がわかります。

1番イメージがわく事例がこちらです。配信したときにブログやWEB
サイトにある詳細ページ（URL）にとばしたき、どのくらいタップされ
ているかを知りたい、というケースはありますよね。

例えば、図に記載の配信は、880人の方に到達し、そのうち211人が

URL先を訪問しています。クリック率の記載はありませんが、計算すると当然わかります。この場合、24.0%なので、かなりのクリック率であることがわかり、配信としては大成功と言うことができます。

「詳細」ボタンをタップすると、さらに詳しいこともわかります。

　厳密に言うと、クリックして訪問した人数とクリックされた合計回数なども違います。そのあたりもチェックできます。

　LINE公式アカウントの分析でもクリック率やクリック合計回数などは分析できます。その意味ではLステップのURLクリック測定もさほど変わりはありません。

　しかし、Lステップ側で配信したものは、LINE公式アカウントで分析できません（逆もしかりで、LINE公式アカウント側で配信したものは、Lステップで分析はできません）。

　Lステップでメイン配信をしていくならば、このURLクリック測定はほしい機能にはなりますね。

個別に送ったURLが訪問（確認）されたかもチェックできる

　一斉配信でのURL分析も大事ですが、Lステップの場合は、個別に送ったURLも全て分析できます。

□ サイト名		フォルダ	訪問/発行	短縮登録	
□ 【収録動画】コンサル講座(オンライン8期) Day.2 – YouTube　[編集▼]		未分類	0人 /1人	0 URL	[詳細]
e					
□ 【収録動画】コンサル講座(オンライン8期) Day.1 – YouTube　[編集▼]		未分類	1人 /1人	0 URL	[詳細]
e					
□ Launch Meeting – Zoom　[編集▼]		未分類	0人 /1人	0 URL	[詳細]
□ Launch Meeting – Zoom　[編集▼]		未分類	1人 /1人	0 URL	[詳細]
□ 0yEQqtEWTvfLCnzx0uuqYNAXX.pdf	d27rnpuamwvie　[編集▼]		未分類	7人	0 URL	[詳細]

個別に送ったURLが確認されたかどうかが判断できます。

　例えば、個別トークしているAさんにあるURLを送った場合、確認・訪問された場合は、図のように「1人」と表示されます。訪問されていない場合は「0人」になります。

　私も個別トークを通じて、見積書や請求書を相手に送るケースがあります。その見積書や請求書のPDFが先方に見られたかどうかを確認できるので、意外と便利です。

　細かい話ですが、URLクリック測定も様々な活用法が考えられます。ぜひ皆さんも実際に触ってみて、こんな使い方ができるんだ！　と独自の新たな発見をしてもらうのも面白そうです。

WEBサイトと連携。
コンバージョンの活用法

7 コンバージョンを活用することで商品を購入してくれた人だけにお礼のメッセージを送信することができます。機能を理解し応用して活用することも可能です。

コンバージョンを活用しよう

次に「コンバージョン」の紹介です。コンバージョンとは、一般的に商品やサービスが買われたこと、成約されたことを言います。このコンバージョンは一体、どのようなケースで使うのか、まずは具体例を紹介します。

商品購入のお礼をLINE公式アカウントから送る

例えば、私のWEBサイトから、書籍の購入申込があったとしましょう。申込が入ると、その申し込んだ方だけが見られる、いわゆるサンキューページにとびます。「サンキューページが表示された」＝「商品が買われた」という構図が成り立ちますから、このサンキューページにLステップで作成したコンバージョンタグを埋め込むことになります。

お問い合わせを受け付けました。

ご記入頂いた情報は無事送信されました。
確認のためお客様へ自動返信メールをお送りさせて頂きました。
お問い合わせ頂き、ありがとうございました。

サンキューページの一例です。問い合わせ・購入の後に出すページのことです。

このサンキューページが表示された人だけ、つまり商品を買ってくれた人だけにLステップ側からお礼のメッセージを送ることができるの

ワンランク上の分析を活用

です。なんなら、メッセージだけではなく、次のような使い方もできると思います。

①**オンラインサロンの申込→Lステップ側でオンラインサロンの利用方法メッセージを送る、オンラインサロン会員専用のリッチメニューに変更する**
②**あるサービスを購入→Lステップ側から「こんな商品もさらにオススメですよ？」とリコメンド（オススメ）して売上をUPさせる**

機能や使い方を知れば、アイデアは無限大です。売上UPするために様々な仕掛けができると考えるとワクワクしますね。

コンバージョンを作成する

「コンバージョン」＞「新しいコンバージョン」を選択してください。

コンバージョンの管理名を記述し、アクションを設定すればもう完了です。私であればWEBサイトから書籍の購入をしてくださった方にお礼のメッセージをLステップで送りたいです。この場合、「テキスト送信」を選択すればOKです。

アクションを設定し、登録
完了します。

図のようにコンバージ
ョンが作成されており、
タグが生成されていま
す。

　これを自分のブログやサイトに埋め込めば完了となります。

　コンバージョンタグの埋め込み方法は、第4章の最後に読者特典とし

て説明動画を載せました。詳しくはそちらをご覧ください。

WEBサイトと連携した
サイトスクリプトの活用法

8　サイトスクリプトを活用し、商品に興味を持っている かを
判断することができます。そこから興味のある人にだけに
アクションを起こすことで売上UPに繋げます。

サイトスクリプトを活用しよう

　もう1つWEBサイトと連携する機能である「サイトスクリプト」の紹介です。このサイトスクリプト、ある特定のURLに何秒以上滞在したかがわかる、というものです。

　この説明だけだと、一体どんなときに使うの？　何秒滞在したかわかって何の意味があるの？　と「？」満載になってしまいそうです。具体例をあげて説明します。

　例えば、マーケリンクでは「LINE公式アカウントコンサル講座」という、LINE公式アカウントを活用したITコンサルタントになりたい人向けのスクールを運営しています。

　この講座の詳細が書かれたページを一斉配信したとします。興味を持ってページを見てくれる人もいれば、見ない人もいます。ページを見る人の中でも、がっつり何分も見る人もいれば、すぐにページを閉じる人もいるでしょう。

　これを一般化すると次のようにまとめることができると思います。

① ページを見てくれない人（＝興味がない人）

② ページを見たが、すぐにページを閉じた人（＝興味はあったかもしれないが、なんか違う？　と感じた人）

③ ページを見て、30秒以上滞在してくれた人（＝そこそこ興味がありそうな人）

④ ページを見て、1分以上滞在してくれた人（＝興味があり、本気度が高い人）

＊秒数に根拠はありません。あくまで例示です。

　この4パターンに分けたときに、ページを見てくれない人以外に、それぞれ別のタグがつけられる、というのがこのスクリプトです。数字が大きいものになればなるほど、興味度が高いと言えます。

　では、このスクリプト及びタグをマーケティング的に活かしていきましょう。

方法1：コアな方だけに配信する

　次にLINE公式アカウントコンサル講座について、再度興味をそそるような配信をしたいと考えています。今度はかなりコアな濃い配信なので、③と④のタグがついている人だけにしよう！　ということができますね。

　ターゲットを絞って興味のある方だけに配信できますので、ブロック率の低下・通数の削減・成約率の上昇が期待できます。

　事実、私もLステップを導入して、こうした絞り込みによって配信を細かくしていった結果、ブロック率が8%も下がるという結果を得られています。

方法2：タグごとにリッチメニューを変更する

　こちらも興味度の高い方だけに配信する、という施策と似ています。興味度の高い方だけに専用のリッチメニューをつけるという施策です。

前述の例でいうと、①または②の方には通常のリッチメニューを掲示。③・④の方には専用リッチメニューを掲示。専用リッチメニューでLINE公式アカウントコンサル講座に申込されやすくする導線を組むことができます。

　ちなみに3分以上見てくれた人には、超特別隠れリッチメニュー（隠れミッキー的な？笑）を掲示してもよいでしょう。登録者にもそれがわかるように、あなただけの限定隠れリッチメニューですよ！　と書いても面白いですね。

「サイトスクリプト」＞「新しいスクリプト」を選択してください。

　ここまでなんとなくサイトスクリプトのイメージをつかんでいただけたかな、と思います。それでは実際の操作です。作成方法はとてもシンプルで、該当のURLをいれて、何秒以上滞在したときに、どのタグをつける、ということを設定すればOKです。

URLと滞在時間、タグを設定します。

　これで一旦、スクリプト登録すると、「サイト埋め込み用のタグ」が発行されます。これを皆さんがお持ちのブログ・WEBサイト等に埋め込んでいただければOKです。

埋め込み用のタグが生
成されています。

　また、ペライチなどのツールでも、もちろんサイトスクリプトを埋
め込むことは可能です。こういったそれ以外のブログやサイトの場合
は、サイトを作ってもらった会社に連絡して、「このタグをbodyに埋め
込んでほしいです。」と伝えれば、簡単に設定してもらえるかと思いま
す。サイトスクリプトのタグの埋め込み方法は、第4章の最後に読者特
典として説明動画を載せました。詳しくはそちらをご覧ください。

タグがついた人に特定のアクションを起こす設定

　ではサイトスクリプト設定の最後です。あるタグがついた人に対し
て、自動でリッチメニューの切り替えをする操作方法をお伝えします。

「タグ管理」を選択して
ください。

　すでにタグが作成してある場合は、選択し、未作成の場合は「新し
いタグ」で作成できます。

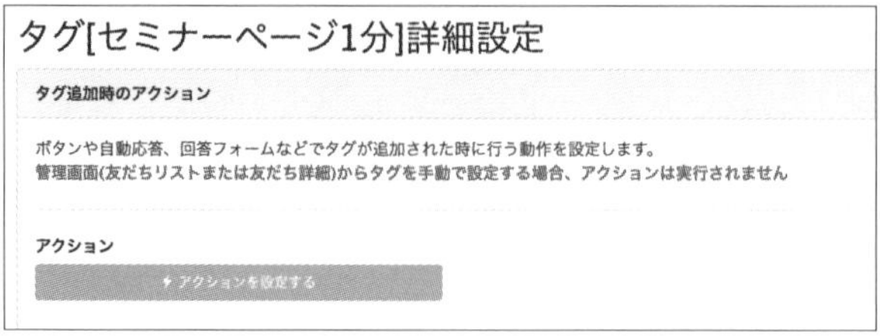

タグ[セミナーページ1分]詳細設定

タグ追加時のアクション

ボタンや自動応答、回答フォームなどでタグが追加された時に行う動作を設定します。
管理画面(友だちリストまたは友だち詳細)からタグを手動で設定する場合、アクションは実行されません

アクション

◆ アクションを改定する

該当のタグを選ぶと、
アクションを設定でき
るようになります。

　例えば、「セミナーページ1分以上」というタグがついた人にはセミ
ナー申込専用のリッチメニューを出したいので、「メニュー操作」を選
びます。メニュー操作では該当のリッチメニューを選択できれば、こ
れで準備完了です。

　最初は少々設定が大変ですが、一度要領をつかむと2回目以降は楽々
できてしまいます。興味度の高い人、感度の高い人に、もれなく抜け
なく、商品を購入してもらうようにしましょう。

流入経路分析で
広告予算を最適化

9　流入経路分析によってどの流入経路から友だち追加された
かを把握することができます。それによりどの流入経路に
重点を置けばいいかも判明します。

流入経路分析は簡単かつ効果的

　いよいよ長かった分析項目も残り2つです。ここからは私もかなりの
頻度で使っている超オススメ分析機能が満載です。今からお伝えする
残り2つの項目については、Lステップでプロプラン以上の契約が必須
となります。それでは参りましょう。

　流入経路分析はコンバージョンやサイトスクリプトのように複雑な
設定は不要です。使いたい！　と思ったその日から使うことができま
す。

　それでは毎回のごとく、流入経路分析がどのようなケースで使える
のかを共有していきます。

　LINE公式アカウント単体では不便なことに、どこから友だち追加さ
れたのか、ほとんど知る方法はありませんでした。

　しかし、Lステップの流入経路分析を使えば、どこから友だち追加さ
れたのか全て把握することができるのです。少し大げさな例ですが、そ
れではこちらをご覧ください。

ワンランク上の分析を活用

ブログの記事ごとに
LINE公式アカウント登
録URLを変えています。

　これは私の実際の流入経路分析の一部です。私のブログ記事の1番最
後にはLINE公式アカウントの登録を促すバナーが設置されています。実
は記事ごとの登録バナーに一つひとつ全て違うURLが貼ってあるのです。

　全265記事にそれぞれのURLが設置されており、どこの記事のバナー
から登録されたのかがわかるようになっています。

　これは極端な例でしたが、一般的なSNS・WEB・チラシなど媒体ごと
にURLをつけるのが一般的です。

　では実際の活かし方を説明します。マーケリンクでもLINE公式アカ
ウントの友だち登録者数を増やすために、経費をかけてブログやSNS
を行っています。この流入経路分析を使えば、どのSNSから何人友だ
ち追加されたか明確になります。

　シンプルにするためにわかりやすい数値を用いて説明します。

　LINE公式アカウントの友だちを増やすために、

・ブログ外注費に10万円をかけ、友だちが100名集まりました。
・YouTube外注費には20万円をかけ、友だちが150名集まりました。

　この場合、ブログは1人の友だちを獲得するのに1,000円/人です。一
方、YouTubeの場合は1,333円/人です。友だち獲得単価だけで見ると、ブ
ログの方がよいことがわかります。だから次はYouTubeよりもブログに
経費をかけようかな、という発想になります。

実際には、このように単純な話ばかりではありませんが、こうした考え方をすることは大切です。

　マーケリンクの場合も、ブログから月間で200名近くの登録があります。こうして流入経路が明確になっているからこそ、ブログを書くモチベーションにもなります。外注費用をかけてブログを作成している場合でも、効果を感じられているので大丈夫だなとなります。

　どこから経由で友だちが増えているか知ることで、費用や時間を投下する参考に大いになり得るでしょう。

流入経路を設置する

　それでは流入経路を実際に設定していきましょう。

「流入経路分析」>「新しい流入経路」を選択してください。

アクション設定で様々なことができます。

まずは自分がわかるように流入経路名を設定します。次にこの流入経路が踏まれた（この流入経路から登録された）ときのアクションを設定します。

　そして、通常の友だち追加時あいさつをどうするかを設定します。通常のあいさつメッセージを流したくないときは「無視する」を選択します。「無視しない」を選択すると、通常のあいさつメッセージが流れたあと、この流入経路に独自に設定したあいさつメッセージが流れます。

　最後に、アクションの実行をいつでもか、初回のみかを選択して登録します。

登録完了すると、図のようにURLとQRコードを生成することができるようになります。

流入経路ごとにあいさつメッセージを変える

　前に少し記述しましたが、流入経路の更なるメリットは、その経路ごとに独自のあいさつメッセージを設定できることです。この機能は、思っている以上に役立ちます。

　私事ですが、先日、InstagramでインスタLIVEを実施しました。インスタLIVEの最後に、「インスタのプロフィール欄のURLからLINE公式アカウントを登録してもらえると、●●プレゼントするよ〜」というアナウンスをしました。

　私サイドの話をすると、Instagramのプロフィール欄にはこの専用の

流入経路が設定してあります。インスタ専用の登録プレゼントもあいさつメッセージを変えることで、設置してあります。

こうすることで、LIVEでもインスタ限定プレゼントだよ〜とアナウンスしやすいですし、そのLIVEから何人の登録があったかもわかり、効果測定ができます。

なんならそのインスタLIVE時専用のURLとプレゼントを先に用意しておくことも可能です。毎回URLを変えたり、専用プレゼントを用意するのは大変ではあります。しかし、こうした努力を続けていくと、フォロワー総数の10〜20%をLINE公式アカウントの友だちに移行させることができると言われています。

もし今、あなたに1,000人のフォロワーがいるのであれば、100〜200名はLINE公式アカウントの友だちになってもらえる可能性があるのです。

インスタ（LIVE）とLステップの流入経路を上手に組み合わせることで、友だち数を増やすことに繋げられますね。

ブログ記事ごとに登録プレゼントを変える

流入経路ごとにあいさつメッセージが変えられる特性を活かし、私が最近、さらに実施していることがあります。それはブログの記事ごとに友だち追加時の登録特典を変えて、アナウンスしているということです。

私のブログ記事は今や300記事近くあり、300記事全ての特典を変えることは不可能に近いです。そのため、検索アクセスの多い上位10記事にだけ絞って実施しています。

例を見てみましょう。例えば、私のブログで流入が多い記事の1つとして、Facebook広告の運用に関する記事があります。対して、私のブログ記事の下部に共通して出る特典は、LINE公式アカウント3大特典です。Facebook広告について調べたい方が、LINE公式アカウントの登録特

典をほしいでしょうか？　という話です。もちろん、そういった方も
いるとは思います。しかし、Facebook広告の記事ならばFacebook広告寄
りの登録特典にした方が登録率は上がりそうです。

　そのため、私も定期的に自分のブログのアクセスの多い上位10記事
を確認して、登録特典を見直しています。わかりやすい話にすると、1
記事に月間で1,000のアクセスがあるとします。従来、この記事から友
だち登録率が1%でした。登録特典を変えたことで、登録率が2%とな
りました。そうすると、従来10名/月だった登録数が20名/月になりま
す。1ヶ月単位で見ると、たったの10名増ですが、年間で見ると120名
です。そしてこれはたったの1記事の話なので、これを10記事で実施
できたとすると、100名/月増、年間では1,200名増になります。

　ブログの閲覧数を伸ばすのは一朝一夕にできるほど簡単ではありま
せん。しかし、登録特典を見直して、登録率を変えることは私の経験
上、こちらの方が簡単にできます。

　こうした登録率を向上させる施策ができるのも、Lステップで流入経
路ごとにあいさつメッセージが変更できる所以です。

4

クロス分析で更なる
成約率UPを実現

10 クロス分析を活用することで、どの流入経路から友だち追加してくれた方が一番成約に繋がっているかという詳しい分析を行うことができます。

クロス分析を活用しよう

さて、長かった第4章もラストになります。最後はクロス分析です。クロス分析とは、マーケティング用語なのですが、調べてみると、このように出てきました。

　"クロス分析とは、アンケート結果の集計でよく使われるものです。調査資料やアンケートデータを2、3個の項目にしぼって、それらに属しているものがどのような関連を持っているかを分析する手法です。"

　具体的に言ってもらわないと、わかりづらいですよね（笑）それではマーケリンクの事例で説明します。

　私は現在、1か月に3、4回ほど一般公開しているLINE公式アカウントのセミナーを行っています。1か月にだいたい60〜100名くらいが参加してくれます。このうちセミナーの内容がよい！　と思っていただき、弊社にコンサルティングや代行を依頼する方がだいたい一定数います。ではこうしたいわゆる「成約」される方が、元をたどるとどこから流入しているのか、気になりますよね。もしかしたらブログから流入している方の成約数が多いかもしれないし、他の媒体かもしれない。それを簡単に調べられるのが、このクロス分析なのです。

　例えば、流入経路ごとのデータがあります。

ワンランク上の分析を活用

経路	ブログ	YouTube	書籍	Instagram	Twitter
人数	100	30	20	10	5

※データは架空のものです。

　マーケリンクでは成約した方に「成約」タグをつけています。流入経路×成約を掛け合わせて、Lステップの中でクロス分析します。今回はセミナー参加してくれた人を「参加」、そこから個別相談してくれた人に「個別」というタグもつけて分析したいと思います。

　すると、このような形になります。

	ブログ	YouTube	書籍	Instagram	Twitter
人数	100	30	20	10	5
参加	30	5	10	1	0
個別	20	3	8	1	0
成約	10	2	7	0	0

※データは架空のものです。

　縦軸に流入経路ごとの友だち追加人数、セミナー参加人数、個別相談人数、成約人数をとっています。横軸は流入媒体になっています。

　これを表にすると、どの流入経路から追加してくれたかが一目瞭然です。例えば、最終的な成約率に限っていうと、書籍購入からの成約率が圧倒的に高いことがわかります。だから、書籍の販売数をもっと押し上げる施策を打とうとか、2冊目、3冊目の書籍を執筆しよう！という戦略に至ります。

　このようにどの流入経路からの友だち追加が多いかだけではなく、最終的な成約に繋がっているかも確認することができる、これがクロス分析の一例です。

クロス分析で何から始めたらよいかわからない方は例にならって、まずは流入経路×成約で分析されてみることをオススメします。

クロス分析の操作方法を知る

　活用法が長くなりましたが、こちらでは実際にクロス分析の設定方法をお伝えします。まず前提条件として、流入経路をそれぞれのURLごとにタグ付けで設定しておく必要があります。例えば、YouTubeからの流入なのであれば、「YouTube」というタグがつくようにしておいてください。そして顧客が「成約」した場合も、手動にはなりますが、こちらも該当の方に「成約」とタグをつけるようにしましょう。準備はこれでOKです。

「クロス分析」>「新しいクロス分析」を選択してください。

管理名はご自身でわかれば何でも大丈夫です。

　「評価対象」は基本的に全員になるでしょう。いつからのデータを抽出するか、など条件を設定することができます。

　評価軸（縦軸）には、「流入経路」を選択します。一方、評価項目（横軸）には、タグで「成約」を選択するとよいでしょう。これをもって「分析登録」します。右下の「分析を表示する」を選択すると、わ

ずか数秒で流入経路×成約の分析結果が出ます。

　この他にも友だち登録日を縦軸にとって、「友だち登録日×成約」の関係を調べることも容易です。

　ここまでLINE公式アカウントで可能な一般的な分析から、ちょっと小難しい分析まで紹介してきました。ですが、この章で一貫して伝えたかったのは、これら分析ツールを隅から隅まで使いこなすのではなく、

　　仮説を立て、その仮説を立証するのに必要な分析ツールを使い、最短で結論を導く

ことに尽きます。本章でそんな私からのメッセージが少しでも伝われば、非常に嬉しく思います。

読者特典

コンバージョンタグの埋め込み方法

サイトスクリプトタグの埋め込み方法

友だちを集めるための
LINE広告を
出稿する

なぜ今、LINE広告を 出稿するべきなのか？

LINE公式アカウントを運用する上で一番の悩みが「友だち集め」。それを助けてくれるのが「LINE広告」です。LINE広告を今始めるべき理由をお伝えします。

友だち集めの悩みを解決するLINE広告

突然ですが、皆さんに質問です。私がこれまで1,000名以上の方から、LINE公式アカウント運営のお悩みを聞いてきた中で、よく聞かれるお悩みNo.1って何だと思いますか。

正解は、「どうやって友だち登録者を集めるか」です。

友だち集めの基本スタンスや基本的な集め方は拙著『LINE公式アカウントマスター養成講座（つた書房）』に譲りますが、1つ言えることは、友だち集めは一朝一夕でうまくいくケースは非常に稀であるということです。

しかし、多少の費用がかかっても、圧倒的にかかる労力が少なく、たくさんの友だちが集められるならば、皆さんはやってみたいと思いますか。

私なら間違いなく実施します。そしてそれを実現できるのが、LINE広告（※）なのです。

※厳密に言うと、LINE広告も様々な種類があります。今回はLINE公式アカウントの中から出稿できる、友だち集めに特化した広告のことを本書ではLINE広告と呼ぶこととします。

LINE公式アカウント内でLINE広告が出せるようになったのは、2019年の11月末からです。比較的新しく最近始まった広告と言うことができます。

そして実はこのことに重要な意味があります。それは最近始まったばかり＝競合が少ないという構図が成り立ち、比較的安価な費用で友だちを集めることができるのです。

では皆さんにクイズです。

Q：LINE公式アカウント内から出せるLINE広告。友だちを1人獲得するのに大体いくらくらいかかると思いますか。

①500円くらい
②1,000円くらい
③2,000円くらい
④3,000円くらい

正解は……実はどれでもありません（笑）。正解は何と驚異の300円前後です（2020年7月現在）。

この金額がどのくらい安いのか、Facebook広告やInstagram広告を使ったことのある方ならおわかりいただけるかと思います。Facebook広告やInstagram広告で1人友だちを獲得しようとすると、1,000円はかかると言われています。1,500円〜2,000円なんてザラです。仮にうまくいったとして、500円、中には300円台で獲得できる人も全くのゼロではないでしょう。

ところが、同じ300円ほどで獲得できるとしても、まだLINE広告の方が大きなメリットをはらんでいます。それは次の節からしっかり見ていければと思いますが、LINE広告は今だからこそ、やるべき広告です。競合が増えてきたら、友だちを1人獲得する単価も上がっていくことは間違いありません。

引き続き次のページを読み、LINE広告について深く知っていきましょう。

5

LINE広告の
メリットを探る

2　LINE広告は比較的、簡単に出稿することができます。どのくらい簡単なのかFacebook広告やInstagram広告と比べて見ていきましょう。

LINE広告の更なるメリット

皆さんはLINE広告がどのように流れるかご存知ですか。

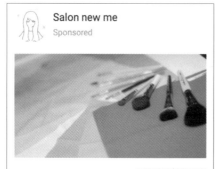

LINE広告はこのように流れます。

　LINE広告は図のように画像と文章を伴って流れ、「友だち追加」のボタンが表示されます。画像をタップすると、友だち追加の案内がダイレクトに表示されます。

　ここでよく考えてみてください。通常、Facebook広告やInstagram広告を流そうとしたら、画像をタップした後にLP（ランディングページ）

に遷移して、そこでLINE公式アカウントに登録していただくことになります。

　つまり、広告本体だけでなく、LPを作成する必要があるのです。当然、LPを作成するのには時間も費用もかかります。通常プロにLPを作ってもらおうとするならば、長さにもよりますが、20〜30万円はくだらないでしょう。だからこそこうした広告運用ができるのは、どうしても一部の限られた人だけになってしまいます。

　しかし、LINE広告はそもそもそのまま友だち追加されるようになっているので、LPを作成する必要がありません。この意味で大幅な時間短縮と費用削減になります。

　さらに別の面から探ると次のようなことも言えます。具体的な出稿方法については、次のページで見ていきますが、Facebook広告やInstagram広告に比べて、その方法が圧倒的に簡単なのです。

　通常、Facebook広告などはその設定方法が非常に煩雑で、素人がゼロレベルから取り組もうものなら、かなりの時間を要してしまいます。そのため、多くの会社は広告代理店に運用をお任せしているようです。

　ところが、このLINE広告は広告が流れる条件と画像・文章を用意すれば、素人レベルでもすぐに出稿ができてしまいます。もちろん少しはLINE広告について学ぶ必要はありますが、学ぶべき内容は全てこの本に書いてあります。

　そのため、LINE広告を出稿することになっても、広告代理店にお任せする必要はないと言えます。広告代理店に頼む煩雑さ、時間、費用を考えると、こうしたコストも削減できるわけです。

　ここまでに見たように非常にメリットの多いLINE広告。具体的にどのように始めるの？　と気になっている方も増えてきたころではないでしょうか。

　それでは早速、具体的なLINE広告の出稿方法を見ていくことにしましょう。

5

認証済みアカウントに
してLINE広告を出稿しよう

3　LINE広告を出稿する手順をしっかり理解していないと、LINE
広告を出稿できないだけではなくアカウントが停止される
可能性もあるので理解を深めましょう。

広告を出すには認証済みアカウントにする必要がある

　LINE広告を出稿するためには、認証済みアカウントにする必要があります。現在、未認証アカウントの方は、認証済みアカウントの申請をしましょう。ただしこれを誤ると、認証の申請が通らなかったり、最悪の場合、アカウント停止になってしまったりすることもあります。LINE広告出稿の手順を大まかに説明すると、

①認証済みアカウントにする
　↓
②LINE広告の画像や説明文を作成・出稿対象を決める
　↓
③審査を経て、広告が実際に流れる

となります。まずは認証済みアカウントにするための方法を見ていきましょう。

認証済みアカウントにしよう

認証済みアカウントは
管理画面の「設定」か
ら行えます。

管理画面の「設定」より、アカウント設定のページに入ります。情報の公開から「アカウント認証をリクエスト」を選択してください。

「アカウント認証をリクエスト」を選択してください。

各種情報を入力してください。

　次のページでは業種や申し込みタイプを選択します。この時点で「表示アカウント名」の確認もありますが、1つ注意点があります。未認証

アカウントであれば、アカウント名はいつでも変えられます（ただし1度変更すると、7日間は変更できない）。しかし、認証済みアカウントにすると、アカウント名は一切変更できなくなります。この点において、アカウント名は今一度、変更がないか、見直しておきましょう。

　申込タイプには、「店舗」、「企業・サービス・製品」、「メディア」、「公共機関・施設」、「オンラインショップ」、「WEBサービス・アプリ」があります。

　この項目を見ると、飲食店などの店舗系のビジネスはもちろん、公共機関や通販をしているECサイトなども認証済みアカウントにできると考えられます。

　どんなアカウントが認証済みにすることができないかは、詳細な表記はありません。しかし、LINE社の公式ホームページに一部関連する記載があります。一度、ガイドラインを読まれることをオススメします。

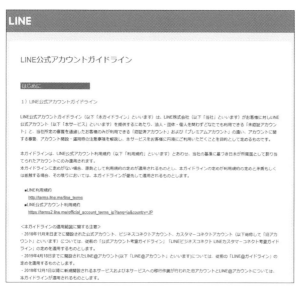

ガイドラインは一通り目を通しておかれることをオススメします。

　よくある審査が通らない例としては、アカウント名を個人名にして

いるもの。これは絶対に通りません。また、情報商材系や自己啓発系、セミナービジネス系の内容も通りません。

　私の知り合いで、こういった類の仕事をされている方が以前、認証済みアカウントにしようと申請をしました。その結果、なんと審査が通らないだけではなく、アカウント停止を食らってしまったのです。この類のアカウントは申請しても通りませんので、最初から申請しないことをオススメします。せっかく友だちを集めたアカウントも一瞬にしてゼロになってしまいます。

＊順にそれぞれの情報を記入してください。

　申請してから審査結果がわかるまではおよそ10日間かかります。本人確認のために記入した連絡先に電話がかかってくることもありますので、その際は電話をとるようにしてください。

　見事、審査に通れば、記入したメールアドレスにその連絡がきます。

LINE公式アカウント友だち追加から広告出稿ができるようになる

　審査に通れば第一段階通過です。次は、図の「友だち追加広告」を
タップして広告出稿を始めましょう。

「友だち追加広告」を
選択してください。

選択後、広告の管理画
面があらわれます。

　「友だち追加広告」を押すと、広告の管理画面が表示されます。初め
て広告を出稿する際は、チュートリアルが出てくるかと思います。広
告の作成自体は右上の「作成」ボタンから可能です。

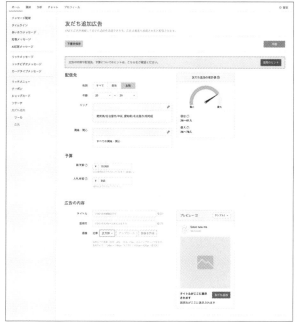

LINE広告出稿自体はとても簡単。初心者でも気軽に行えます。

こちらがLINE広告を出稿する際に入力する全ての画面です。Facebook広告やその他の広告を出されたことがある方は、それらと比較すると、とても簡単であることがわかります。実はLINE広告は初心者でも始めやすい広告なのです。

設定できる項目としては、性別や年齢、エリアと興味・関心です。こうした情報は、LINEユーザーの追加している公式アカウントの種類や保有しているスタンプなどから判別されます。エリアはありがたいことに、都道府県単位ではなく、市単位、さらには区単位まで絞ることができます。地域ビジネスをやられている方にとっては非常に嬉しいですね。

予算は、10,000円から出稿できるので、始めやすいです。また、入札単価を設定する必要があります。デフォルトでは350円になっています。入札単価＝友だち追加1人あたりの上限金額です。この金額によって、広告の配信される頻度が変わってきます。当然、高い入札単価

であれば、配信頻度が多くなります。逆にここが50円などと低い場合はなかなか配信がされない、というイメージです。

入札単価はどのくらいがいいのか、どんなターゲット設定をしたらよいかはこの後、解説します。私も色々な企業で導入をしてもらっていますが、友だち集めに苦労している所には本当にオススメです。CPF方式といい、友だちが追加されて初めて課金の対象になります。つまり、どれだけ広告が流れたとしても、友だちが追加されなかったら、かかる広告費は0円です。ある意味、成果報酬型の広告と言うことができます。Facebook広告であれば、仮に友だち追加がされなかったとしても、広告が流れただけで課金の対象になります。この意味で、LINE広告のCPF方式は、私たちにとって非常にありがたい存在です。費用対効果はかなり高いと言うことができます。最後に、どんな画像にするのか、どんな文章にするのかを設定します。これまた、どんな画像や文章がいいのか、気になりますね。それもこの後、私が検証したものをまとめています。

作成した広告は審査を経て、実際に流れ始めます。広告が流れるのはLINEのタイムラインやトークリストの最上部です。

審査はそのときによりまちまちですが、大抵の場合、数日程度で審査が通り、流れ始めます。流れ始めた場合も特に通知はありませんので、定期的にLINE公式アカウント管理画面の広告部分でチェックしてくださいね。

広告の内容	ステータス	作成日時
ご利用数55万突破！オリジナル婚姻届	配信中	2020/03/27 10:01
ご利用数55万突破！オリジナル婚姻届	配信停止中	2020/03/07 15:21

広告が流れている最中は図のように「配信中」となります。

LINE広告は審査が厳しい

残念ながら、審査に通らないケースもあります。図はLINE社が出しているNG業種・NG商材です。

NG業種・商材

- 宗教関連（厄除け関連、霊感商法書籍販売、神社仏閣等）
- エステ（一部除く）
- ギャンブル関連、パチンコ等（一部公営くじ除く）
- アダルト（成人対象の性的な商品サービス等のアダルト全般、性的表現が扱われている作品サービス、児童ポルノを連想させるもの等の青少年保護育成上好ましくない商品サービス、精力剤、合法ドラッグ等）
- 出会い系（インターネット異性紹介事業、お見合いパーティー等）
- 無限連鎖講、MLM
- 探偵業
- たばこ、電子タバコ
- 避妊用品（避妊具、女性用体温計等）
- 武器全般、毒物劇物
- 政党
- 公益法人、NPO/NGO、社団法人（一部除く）
- 生体販売
- 医療系、美容整形系、ホワイトニング、病院・クリニック、特定疾患の啓蒙サイト
- 整骨院、接骨院、鍼灸院等
- 医薬品、医療機器の場合で、LINE公式アカウントのNG商材にあたるもの
- 消費者金融（一部除く）
- 質屋
- オークション、入札権購入型オークション
- マッチングサイト（一部除く）
- ポータルサイト、掲示板
- アフィリエイトサイト
- 情報商材
- ポイントサイト（ポイントサービスを主体としたサイト）
- 弊社競合サービス（メッセンジャーアプリ、SNSアプリ、ニュースキュレーション、ゲーム、投資型/寄付型クラウドファンディング等）

意外とNG商材の範囲は広いです。

　認証済みアカウントになったからといって、必ずしも広告を出稿できるとは限りません。例えば、私のクライアントにも接骨院を経営している方がいますが、これはNG業種です。この場合は、どう頑張っても広告は出稿できないので、別の友だち獲得施策を考えるしかありません。

　他にも、医療系はNGですので、クリニックを開業されている方も広告出稿できません。出稿できない業種は意外と多いです。

LINE広告はA/Bテストで効果的に出稿しよう

広告を運用する上で必要となる考え方、A/Bテスト。この考え方を理解し、分析することでより良い広告を出稿することができます。実例とともに見ていきます。

A/Bテストの概念を覚えよう

LINE広告だけに関わらず、広告を運用する上で重要な考え方があります。それがA/Bテストです。

例えば、次のAタイプとBタイプのLINE広告をご覧ください。

Aタイプ。友だち追加のメリットを出しています。

Aは友だち追加すると、こんなお得があるよ！　という「友だち追加お得訴求タイプ」です。

金山筋肉ん
Sponsored

若いうちは
とりあえず、肉だ。

ウェルカムドリンクは
プロテイン！？

友だち追加

糖質もカロリーも筋肉んのメニューなら
気にする必要なし！集まれトレーニー＆
ダイエッター！

Bタイプ。お店のコンセプト
を出しています。

そしてBは、このお店はこんなコンセプトでやっています！　とい
う「お店コンセプトタイプ」です。

どちらの広告の方が、より友だち追加が増えるのか、検証します。こ
のとき、ご覧のようにAとBで広告の文章だけを違うものにします。

他の条件を全て同じにしたとき、文章だけが異なります。つまり、広
告効果の高かった方が、効果の上がる文章だったと結論づけることが
できますね。これが基本的なA/Bテストの考え方です。

ちなみに実際はどちらの方が効果が上がったか、想像がつきますか。
正解はAのほうでした。実際の出稿データを見ていきましょう。

Aの広告出稿デー
タです。

Aはご覧の通り、ほとんど2/12だけ広告が流れており、

・友だち追加数が52名
・友だち追加率が0.26%
・友だち追加単価が194円

となりました。

Bの広告出稿データです。

一方、Bはと言うと、こちらもほぼほぼ2/12だけ流れており、

・友だち追加数が47名
・友だち追加率が0.21%
・友だち追加単価が214円

となりました。結果、どの項目を見てもAの「友だち追加お得訴求タイプ」の方が効果的だったと言うことができます。

　今回の例で見てわかる通り、一般的に友だち追加率が高くなると、友だち追加単価は安くなる、反比例の関係にあります。

　そして、この友だち追加率が悪い（＝つまり、広告の画像や文章が悪い）と、なかなか広告も流れませんし、いつまで経っても、友だちが追加されないという事態に陥ってしまいます。

結果は同じになるとは限らない？

　今度は名古屋の栄という地域でパーソナルスタイリングサロンを運営されているSalon new meさんの事例です。

Aタイプ。友だち追加のメリットを出しています。

　Aは友だち追加お得訴求タイプです。友だち追加でサロンの提供メニューが10%OFFになるという文章にしました。

Bタイプ。お店のコンセプトを出しています。

Bはサロンコンセプト訴求タイプです。ご覧の通り、たったの3時間で大変身できてしまいます！　とベネフィットがわかるようにしました。

　先ほどのステーキ店の事例だと、お得を訴求した方が効果的でしたが、今回はどうだったのでしょうか。結果は次のようになりました。

	友だち追加数	友だち追加率	友だち追加単価
A	62人	0.08%	163円
B	66人	0.23%	153円

※どちらも予算は10,000円です。

　という結果になりました。ステーキ店の事例とは対照的に、サロンのコンセプトを訴求した方が効果的だったのです。

　このように業種・業態によって、どのタイプで訴求した方が効果的なのかはケースバイケースです。自社でLINE広告を運用する際も、「スタッフの顔が見える画像を使った方が、効果的ではないか？」という仮説を立てて、スタッフが写っている画像とそうではない画像でA/Bテストするなど戦略的に出稿することをオススメします。

　何でも常に頭を動かしながら、戦略的に取り組むことが大切です。

LINE広告の即ブロックってどういうこと？

LINE広告を出稿する上で即ブロックの存在を知っておかなければなりません。即ブロックの存在、確率などを知った上でLINE広告を出稿していく必要があります。

即ブロックされることを知っておこう

実はLINE広告を運用していくと、あることに気がつくのです。ある日、私はLINE公式アカウントの分析画面で友だち数の推移を見ていました。すると、ある期間だけ急激にブロック数が増えている期間があったのです。

どういうことなのか。よくよく調べてみると衝撃の事実が判明しました。それはLINE広告で友だちが追加された期間とブロック数の増えている期間が完全一致したのです。つまり、LINE広告で友だちが追加されたものの、すぐにブロックされてしまったケースというのが一定数存在するのです。

例えば、先ほどのステーキ店のLINE広告。合計約2万円のLINE広告を出稿し、友だちは99名増えました。しかし、この広告において実は21名がすぐにブロックしていたことがわかったのです。

以来、私たちはLINE広告で友だちが追加されても一定の割合ですぐにブロックされてしまう現象のことを「即ブロック」と名付けました。

私たちのデータからいくと、この即ブロックはだいたい25〜30%が平均と言ってよいかと思います。100人友だち追加しても、そのうち25〜30人は即ブロックしてしまうのです。

この事実は広告出稿前にしっかり把握しておいた方がいいでしょう。なぜならば仮に2万円の予算で100名友だちが追加されたとしても、そのうち30名がブロックしたならば、実際に獲得できた友だちあたりの

追加単価が異なってくるからです。

　数字上は「20,000円÷100名＝200円/人」となりますが、即ブロックを考慮すると「20,000円÷70名＝285.7円/人」と大幅に単価が変わるのです。

　即ブロックされてしまう理由としては、

①単純に押し間違い
②広告の内容と実際にアカウントから送られてきたあいさつメッセージのイメージの違い

の2パターンが考えられます。①は防ぎようがないとしても、②は広告とあいさつメッセージの内容を揃えること、あいさつメッセージを工夫することで改善できると考えられます。

　皆さんもLINE広告を出稿する前に1度、改めてあいさつメッセージを見直すようにしましょう。

LINE広告の測定テンプレート 活用のススメ

LINE広告を出稿する上で大切になってくるのが費用対効果です。実際に数値化することで費用対効果を確認することができる測定テンプレートを活用してみましょう。

LINE広告の費用対効果を考えよう

それでは実際にLINE広告を出稿すると、どのくらいの効果があるのか、費用対効果はどのくらいあるのかを考えてみましょう。

今回はSalon new meさんを事例に、こちらの「LINE広告費用対効果測定テンプレート」を用いて考えてみたいと思います。なお、このテンプレートはLINE広告の費用対効果をわかりやすくするために、私、堤が独自に作成したものです。

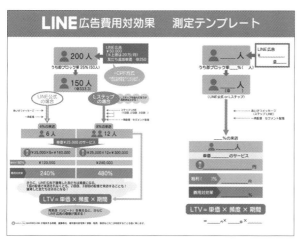

広告の費用対効果を測定するものです。左側が事例になっています。

図の数値を基準に説明していきます。それではLINE広告をまずは50,000円出稿したとします。友だち追加単価が250円/人だと仮定しま

友だちを集めるためのLINE広告を出稿する

227

す。

　そうするとシンプルに50,000÷250＝200となり、200名の友だち増が見込めます。ただし、前述したようにこのうち即ブロックがあるので、その率を25%と仮定します。

　この時点で150名の純増（友だち追加単価は333.3円）となります。

　ここからあいさつメッセージや配信をもって来店を促進します。どのくらいの来店率になるかは正直、アカウントのあいさつメッセージや配信の仕方、業種・業態によってもかなり異なってくるので、何とも言えません。

　Salon new meはLステップアカウントです。ここではLステップを組んで、あいさつメッセージやセグメント配信を駆使した結果、8%の来店が見込めると仮定しましょう（※実際にはLINE公式アカウントよりもLステップである方が来店率はよいと考えます。ステップ配信やセグメント配信などできる施策が多いからです）。

　その結果、友だち追加された150名のうち12名が来店されました。Salon new meのサービス単価は25,000円ほどです。つまり、25,000×12＝300,000となり、合計30万円の売上が上がることになります。

　あとは粗利の問題です。当然この売上を出すには必要経費を引かなければなりません。Salon new meの場合は、アルバイトを雇わず、メインスタイリスト自ら行えば特段の費用はかかりません。そのため粗利を80%とします。300,000×0.8 = 240,000円の利益となりました。

　したがって、試算上は、50,000円の広告費をかけると240,000円の利益が生み出されることになりました。費用対効果は480%となります。

　実際には予約があっても満員で受けられなかったり、メインスタイリストではなく、スタッフにやってもらったり（人件費を考慮）といった複雑な要素が絡みます。一概にこのとおりいくとは限りませんが、こうした試算を行えば大きく外れることはないでしょう。

　繰り返しになりますが、試算であったとしても、これだけの高い費用対効果が出せるのは、LINE広告出稿の競合が少ない今だからこそで

す。

　ぜひ自社（自店舗）の場合でも、いち早く試算をしてLINE広告にチャレンジしてみましょう。

　ちなみに上記の場合は50,000円で240,000円の利益が捻出されました。ということは、同じ理屈でいくと、月の広告費MAX200,000円をかければ960,000円の利益が出る計算になります。

　もちろん、これもそれだけの新規お客様を受け入れられるのかといった複雑な問題がありますが、こうした考え方を持つことは非常に大切です。

LINE広告は博打ではない！LTVという重要な考え方

> 7　LINE広告を出稿し、友だちになってくれた方がすぐに売上につながらなくても大丈夫。配信を継続することで売上につながることがあります。

友だち登録者が資産になる

　LINE広告を出稿する際は、もう1つ重要な考え方を覚えておく必要があります。それは友だち追加直後に来店しなくても、継続的に配信をした結果、時間をおいて来店されるケースもあるということです。

　1回目の配信で来店されなくても、2回目、3回目の配信がきっかけで来店することもあります。さらに1度来店したお客様がリピートしていただけるお客様になったとすると、前述した費用対効果はさらに高いものになります。

　私はLINE公式アカウントの友だちは「資産」になると思っています。LINE公式アカウント内でずっと友だち登録していただくことで、長い目で見ると、配信した「Aという商品」も「Bという商品」も「Cという商品」も購入していただける可能性があるわけです。

　実際にマーケリンクの場合も、1回のLINE公式アカウントのサポートサービスだけでなく、ある日に配信した別のサービスが売れたということも日常茶飯事で体験しています。

　この意味で、LINE広告×LINE公式アカウント運用は、1人のお客様から払っていただける金額（＝Life Time Value、LTVと言ったりします）がどんどん増えていく仕組みになっているのです。

　ここまで読んでくださったあなたはLINE公式アカウント（Lステップ）が驚異のツールであること。そしてLINE広告を絡めると、さらにそのすごさが増すことをまじまじと実感されていることでしょう。

おわりに

ここまで大変お疲れさまでした。

あなたはさらなるLINE公式アカウントの運用知識を手に入れたことでしょう。ぜひ周りの起業家、社内の先輩や同僚にシェアしてみてくださいね。きっと、「そんなこともLINE公式アカウントでできるの!?」と驚かれること間違いありません。

本書は私にとって2冊目の本になります。1冊目を書いた1年前は、ちょうどLINE公式アカウントを使い始める方が増えてきたころでした。そしてあれから1年。LINE公式アカウントを使っている方は増えたけれど、こんな問題点がある、こんな機能はないの？　と思っている方が比例するように増えてきました。

その皆さまの疑問に全てアンサーしたのが、実は本書になります。本書の誕生もまた、編集者である山田稔さんから、「LINE公式アカウントってこんな問題あるけれど、解決できないの？」と尋ねられたことがきっかけとなりました。

そしてやっとのことで本書を無事世に送り出すことができたことを嬉しく思います。繰り返しになりますが、LINE公式アカウントを使っている方はとても増えました。けれども、本当の意味で使いこなしている方はまだほんの一握りです。

本書に書かれていることのどれでも大丈夫です。ぜひ1秒でも早く、できることから実践してみてくださると著者としてこれほどまでに嬉しいことはありません。

最後になりましたが、出版のきっかけ・多大なるサポートをしてくださった山田稔さん、本書刊行にあたり、関わってくださったクライアント・スタッフの皆さまに、この場をお借りして厚く御礼申し上げます。

そして、本書を最後まで読んでくださった皆さまに、心より感謝申し上げます。いつの日か、お逢いできる日を心待ちにしております。

2020年7月　堤　建拓

著者紹介

堤 建拓 (つつみ たけひろ)

株式会社MARKELINK代表取締役
Webマーケッター・LINE公式アカウントの専門家

1991年生まれ、愛知県稲沢市出身。TOEICスコア960点。大学時代の海外経験・インターンシップを契機に、「英語×ビジネス」を学びたいという想いから、名古屋市立大学卒業後、英会話スクール大手企業にスクールコンサルタントとして入社。1年半で退社後、独立・起業。
独学で身につけたSNS・Web集客のノウハウを駆使し、半年で英会話スクール3校を設立、月商を5倍に増やした。2017年にLINE公式アカウントを組み合わせたブログを立ち上げ、開設後10ヶ月で月商200万円以上を達成。現在では、多くの企業のLINE公式アカウントの運用に携わり、担当した会社はのべ100社を超える。
著書に『世界一わかりやすいLINE公式アカウントマスター養成講座』(つた書房)がある。

LINE公式アカウントの
成功事例
無料ダウンロードは、こちら

世界一わかりやすい
LINE公式アカウントマスター養成講座2

2020年7月28日　　初版第一刷発行
2024年10月23日　　　第四刷発行

著　者　　堤 建拓
発行者　　宮下晴樹
発　行　　つた書房株式会社
　　　　　〒101-0025　東京都千代田区神田佐久間町3-21-5　ヒガシカンダビル3F
　　　　　TEL. 03 (6868) 4254
発　売　　株式会社創英社／三省堂書店
　　　　　〒101-0051　東京都千代田区神田神保町1-1
　　　　　TEL. 03 (3291) 2295
印刷／製本　シナノ印刷株式会社